Christine Lange

Bodenarbeit
mit Pferden

mal etwas anders

blv

Inhalt

6   Einstimmung

7   Ein Dankeschön ...

7   Ein **vertrauensvolles** Pferd
oder Wovon Sie träumten
und was Sie manchmal verunsichert

10   Wunsch und Wirklichkeit

12   Bodenarbeit – schon mal gehört?

14   Auf dem Boden der Tatsachen

20   Kommunikation: Was willst du mir sagen?

26   Ausrüstung: Warum es auch am Boden eine Kleiderordnung gibt!

34   So werden Sie zum **Leittier!**

36   Basisübung Stillstehen

39   Erst Respekt schafft Freundschaft

42   Wer **führen** kann, gewinnt **Vertrauen**

44   Führübungen: vorwärts, rückwärts, seitwärts marsch

48   Der ganze Stall als Übungsplatz

5 0 Locker laufen an der **Longe**

5 2 Die Longe als langes Führseil

6 0 Gymnastik am »langen Bandel«

6 5 Mit zwei Longen? Gar nicht so kompliziert

7 2 Mit dem Pferd vorneweg – Fahren vom Boden

7 8 Freiarbeit

8 0 Das Geheimnis der Pferdeflüsterer lässt sich lüften

8 4 Anti-Scheu-Training: Wie nehme ich meinem Pferd die **Angst?**

8 6 Ran ans Pferd – nach der Distanz die Nähe

8 8 Mit Optimismus nach vorn schauen

9 2 Register

9 4 Literaturhinweis

Einstimmung

Warmer Atem in meinem Ohr,
sanfte Nüstern, die meine Wange
streicheln – mein Pferd neben mir.
Die Abendsonne malt Lichtpunkte
in seine Mähne. Wir schauen über
die Wiesen, einfach so. Und
verstehen uns auch ohne Worte –
ist das kein Glück?

Ein Dankeschön...

Ja, Bodenarbeit macht wirklich Freude! Über Langeweile brauchen Sie jedenfalls nicht mehr zu klagen, sobald Sie mit den auf den nächsten Seiten vorgestellten Übungen anfangen!

Viel Spaß hat auch die Arbeit an diesem Buch gemacht, vor allem weil ich dabei so liebenswerte, nette und kompetente Menschen kennen lernen durfte. Statt eines Vorworts soll daher hier ein Dankeschön stehen: zunächst an den BLV Verlag, insbesondere an Sabine Schulz, Annette Rose und Christa Klus-Neufanger, die sich engagiert für dieses Projekt einsetzten und von der Ideenfindung über Tipps zu Inhalt und Gestaltung bis hin zum zeitintensiven Lektorieren von Anfang bis Ende voll dabei waren.

Anders als bei den meisten meiner früheren Bücher haben wir bei diesem Bodenarbeitsbuch beschlossen, dass die Bebilderung unbedingt aus einem Guss sein müsste. Dafür kam – natürlich! – nur das Fotostudio Lebherz in Ofterdingen in Frage. Ach, wie viel Spaß macht es doch, mit echten Profis und tollen Pferdemenschen zusammenzuarbeiten. Danke, danke, danke: an Heike Lebherz, die wohl einen Ferrari-Motor im Bauch haben muss, denn anders lässt sich die Schnelligkeit und Souveränität, mit der sie alle pferde-, model- und fotoorganisatorischen Aufgaben gemeistert hat, nicht erklären. An Ehemann Rainer Lebherz, den Fotoprofi mit Herz und viiiiieell Geduld, der, nur gestärkt von ein paar Gläsern Mineralwasser, stundenlang mit Könnerauge vier- und zweibeinige Models in schwäbischer Traumlandschaft arrangierte, – tatkräftig (und auch in Sachen Pferde sehr kompetent) unterstützt von seinem Assistenten Friedrich, der sich begeistert vor allem der Detailaufnahmen annahm.

Und dann Danke an »meine« Models, zwei- wie vierbeinige: Keine Übung, keine Kameraeinstellung wurde euch zu viel.

Und auch am Ende eines langen Fototags wart Ihr noch in der Lage, Chic, Charme, Fröhlichkeit, Witz und vor allem Horse(wo)manship zu versprühen. Lieben, lieben Dank also an die wunderbare Margret, die ihren herrlichen Freiberger Estrano mit außerordentlicher Geduld zu einem Verlasspferd erzogen hat. An die zauberhafte Kathrin, die rund um die Uhr vor allem mit dem unerschütterlichen Haflinger Mavi und dem eleganten Araber-Fuchs Safir arbeitete. An die fröhliche Iris, die neben Safir auch die süße cappucinofarbene Reitpony-Stute Momo vorstellte. An den immer zu einem kleinen Scherz aufgelegten Henning, der mit Appaloosa-Wallach Midi Pferdeflüsterer-Qualitäten demonstrierte. An den souveränen Horseman Thorsten, der mit dem wunderschönen Württemberger Adiemus bewies, wie perfekt die Zusammenarbeit »an den langen Leinen« gelingen kann. An die so lustig lachende Annette, die – in bühnenreifer Pantomime – mit Henning mal Boss, mal Duckmäuser vorspielte. An Gilla, die ich leider nicht persönlich traf und die sich später mit Shagya-Araber Samira für die Nachschüsse mit der Kamera festhalten ließ. Und an all die »Heinzelweibchen zu Ofterdingen«, deren Namen ich mir gar nicht alle merken konnte und die immer wieder Pferde auf Hochglanz brachten, Flatterbänder neu spannten, Cavaletti oder Regentonnen mal an diese, mal an jene Stelle des Reitplatzes rollten... und dabei nie ihre gute Laune verloren. Die Stunden vergingen wie im Flug und ich glaube, wir alle hatten, trotz der schweißtreibenden Arbeit, gemeinsam eine gute Zeit. Ich wünsch' euch alles Glück dieser Erde, für euch selbst und mit euren Pferden. Und habt auch ein wenig Spaß an dem neuen Buch, in dem ihr alle euch wiederfindet.

Christine Lange

Ein vertrauensvolles Pferd

oder **Wovon Sie träumten und was Sie manchmal verunsichert**

Irgendwann zog es ein in Ihren Stall – endlich: Ihr eigenes Pferd!
Damit erfüllten Sie sich einen großen Traum: Es sollte Sie mit sanftem
Brummeln begrüßen; in seinem Sattel wollten Sie die Welt neu erobern.
Ist Ihr Traum wahr geworden? Oder klappt es gelegentlich doch nicht so
recht mit der ersehnten Harmonie? Bleiben Sie optimistisch!
Es gibt einen Weg, der Sie und Ihr Pferd zu Ihrem Traumziel führt...
und dazu brauchen Sie noch nicht einmal auf seinen Rücken zu klettern!

Wunsch und
Wirklichkeit

Harmonie mit Partner Pferd: Genau das haben Sie sich gewünscht. »Ach – wünschen? Kann man sich viel...« Wenn Sie es wagen, mit anderen über Ihre Träume zu sprechen, schleicht sich da vielleicht ein trauriges »...erstens kommt es anders und zweitens, als man denkt!« ein? Nein, seien Sie nicht pessimistisch! Natürlich dürfen Sie zu Ihrem Wunsch stehen. Wünsche sind unentbehrlich! Ohne Visionen und großartige Ideen hausten wir alle wahrscheinlich noch in Höhlen und pulten Samenkörner aus wilden Gräsern. Ohne Ziele hätte es weder Entdeckungen noch Erfindungen gegeben, weder lebensrettende Medikamente noch gewaltige Dome und Kirchen, weder Beethovens Neunte noch van Goghs Sonnenblumen. Im Übrigen auch weder Pferdezucht noch Reiterei.

Von Wasserschleppen, Alltagstrott und traurigen Pferdeaugen

Sind Träume denn bloß Schäume? Sie lieben Ihr Pferd. Oft genug machen Sie den Rücken krumm, wenn Sie seine Box ausmisten, Schubkarre für Schubkarre zum Misthaufen manövrieren. Im Winter kanisterweise warmes Wasser in die Ausläufe schleppen – Liebesdienste, die Ihnen zumindest die teure Jahresgebühr fürs Fitness-Studio ersparen. Nun, eines steht für Sie wenigstens fest: Nie, wirklich niemals soll und wird es Ihrem vierbeinigen Freizeitpartner an etwas fehlen. Aber in Ihrem *Reiterleben* scheinen nicht alle Träume in Erfüllung gegangen zu sein. Ärgernisse haben sich klammheimlich in Ihren Alltag eingeschlichen. Was Sie anfangs drollig fanden (»Der Schlingel weiß genau, wo die Leckerchen sind...«), hat sich zu einer Unart entwickelt (Schlingel zwackt mittlerweile ordentlich zu, wenn der zweibeinige Futterautomat nicht schnell genug seine Gaben ausspuckt). Unterm Sattel verhält sich Schlingel auch nicht immer gentlemanlike. Auf der Liste der gängigen Reitprobleme Scheuen, Durchgehen, Bocken und Steigen könnten Sie mittlerweile mehr als eines ankreuzen, wenn Sie nicht so kreativ im Erfinden von Vermeidungsstrategien wären (»Feldweg X kann ich nur mittags zwischen 1 und 2 Uhr reiten. Dann sitzt Bauer Meier beim Mittagessen und der Traktor steht im Hof...«).

....

1 Zu dritt unterwegs, und zwar sehr zufrieden – nur einer von vielen schönen Träumen?
2 Warum diese Angst?! Es müsste doch auch anders gehen...

....

Aber vielleicht haben Sie auch gar keine wirklichen Probleme, sind nur ein wenig frustriert. Routine – klar, auch zeitbedingt – bestimmt den Umgang mit dem Pferd. Nach dem Büro schnell noch zur Reitanlage. Ein paar Kardätschenstriche, dann den Sattel drauf und ab in die Halle. Ganze Bahn, Zirkel, Schlangenlinien, Volte marsch, Trab, Galopp und Trockenreiten. Oder eine halbe Stunde durchs Gelände, aber leider nur auf der »kleinen Runde« um den Hof. Anschließend eine Scheppe Kraftfutter und liebevolle Streicheleinheiten. Und fragende Pferdeaugen, die eigentlich noch recht unternehmenslustig schauen: War das schon alles?! Auch wenn Ihnen der Blick das Herz zerreißt: Sorry, heute reicht's nicht für mehr.

Raus aus dem Alltagstrott

Haaaalt! Sollte es jetzt nicht heißen: Ganz schnell raus aus dem gewohnten Trott? Eingefahrene Wege verlassen, harte Krusten der Gewohnheit aufbrechen? Es ist doch völlig legitim, sich leichtes, angenehmes Handling im Umgang mit dem Pferd und auch etwas Abwechslung zu wünschen! Danach zu streben, nicht bloß »irgendwie« im Sattel zu bleiben, sondern *schön* zu reiten mit feinsten Hilfen auf einem motiviert mitarbeitenden Pferd. Woher rühren dann Ärgernisse oder gar Probleme, Unzufriedenheit, vielleicht gar Ängste oder zumindest Resignation? Auch wenn die Antwort fast zu simpel klingt, um wahr zu sein: Oft haben Unstimmigkeiten zwischen Mensch und Pferd ihre Ursache zunächst einmal in einem Mangel an Respekt und Vertrauen. Gleichgültig, ob es sich um ein Freizeit- oder ein Sportpferd handelt. Hat ein Pferd gelernt zu respektieren, ist es auch bereit zu vertrauen. Kann es vertrauen, ist es fähig zu lernen. Wenn es begreift, was es lernen und tun soll, kann es gehorchen. *Gern* gehorchen. Gehorcht es freudig, eifrig, willig, weil das, was es tun soll, ihm Spaß macht ... dann wird es zum Freund.

Bitte, träumen Sie wieder!

»*Du* als durchschnittliche Reiter ... wie willst du es schaffen, dass dein Pferd dich respektiert? Du hast ja manchmal schon Mühe, nicht aus dem Sattel katapultiert zu werden!« hören Sie da wieder den Pessimisten in sich nörgeln. Vergessen Sie ihn für eine Weile. Vergessen Sie (falls Sie die Entzugserscheinungen verkraften können) vielleicht sogar für eine Zeit lang das Reiten. Sie und Ihr Pferd wollen, sollen und dürfen in Zukunft wieder Spaß miteinander haben – ohne Angst, ohne Stress, auf eine tatsächlich leichte und motivierende Weise. Kehren Sie zu Ihrem Traum von Harmonie zurück. Fangen Sie einfach noch mal an. Das Wunderbare im Leben: Das Gestern ist auf ewig vorbei – und nichts auf der Welt kann uns das Morgen schon heute herbeizaubern. Aber gerade darum können wir jeden Tag neu anfangen – auch Sie und Ihr Pferd! Wagen Sie einen Neustart. Machen Sie Ihr Pferd zu Ihrem Freund. Bringen Sie Abwechslung in Ihren gemeinsamen Alltag. Bleiben Sie dazu bitte erst einmal schön auf dem Boden und fangen Sie von Grund auf neu an ...

Ganz einfach
zu merken ...

+ Respekt und Vertrauen sind der Schlüssel zur Freundschaft zwischen Ihnen und Ihrem Pferd.

schon mal Bodenarbeit – gehört?

Was verstehen wir nun unter »von Grund auf«? Für viele Reiter heißt das nach wie vor: eine solide Grundausbildung im Sattel. Das ist lobenswert, denn genau da hapert's – auch das darf nicht verschwiegen werden – bei einigen Freizeitreitern. Aber »von Grund auf« sollte auch heißen, dass Reitschüler lernen, ihr Pferd nicht nur vom Sattel aus leicht und ohne Gewalt zu »händeln«, sondern auch, wenn sie sich zu Fuß neben und mit ihm bewegen. Wo kommen dann bloß all die vierbeinigen Rüpel her, die die oder den, der sie gerade am Halfter führt, mehr oder weniger ignorieren und auf dem Weg zur Box (»Ich will zu meinem Futtertrog!«) beinahe alles niederwalzen? Sie gehören keiner besonderen Rasse an, sondern sind ganz normale Pferde. Nur eines haben sie offenbar nie kennen gelernt: etwas, das wir heute »Bodenarbeit« nennen.

Pferdeflüsterer, Gurus und Rossbändiger

»Bodenarbeit?!« Zucken Sie zweifelnd mit den Achseln? Na klar, gehört haben Sie schon davon. Und in letzter Zeit auch allerhand gelesen und gesehen, von Pferdeflüsterern und Pferdegurus. Von alten Meistern und jungen Rossbändigern, die mit frei laufenden Hengsten im Scheinwerferlicht tanzen. Sie scheinen Geheimrezepte parat zu haben, um ungebärdige Wildlinge in Schmusetiere und unreitbare Rodeocracks in Verlasspferde zu verwandeln (ob die Verwandlung von Dauer ist, ist allerdings fraglich).

....

Bodenarbeit – ist da vor allem Longieren gemeint?

....

Daher erst einmal Stopp! Denn jetzt glauben Sie womöglich, vor allem *das* sei Bodenarbeit: etwas mehr oder minder höchst Geheimnisvolles. Etwas, das nur begnadete Pferdemenschen aus jahrhundertealten Rossbändiger-Dynastien beherrschen. Oder etwas, das magischer Kräfte bedarf. Nein – Bodenarbeit hat weder mit außergewöhnlichen Ausrüstungsaccessoires noch mit esoterischen Formeln zu tun. Es beschränkt sich, wenn wir das »Flüstertum« einmal beiseite lassen, aber auch nicht auf die Arbeit an der Longe, die Sie aus konventionellen Reitbetrieben kennen. Was ist es nun wirklich?

Eine solide Basis und noch viel mehr

Wenn wir uns trauen, den Begriff weit zu fassen, ist alles, was wir mit dem Pferd tun, wenn wir nicht im Sattel sitzen, Bodenarbeit. Diesmal mit der Betonung auf Arbeit. Denn wie jedes Wesen lernt auch Ihr Pferd in jeder Sekunde seines Lebens. Und nicht erst, nachdem Sie ihm einen Sattel aufgelegt haben und in der Reitbahn versuchen, ihm ein paar Lektionen beizubringen. Genau wie wir in jedem Augenblick Erfahrungen sammeln und auswerten und unser künftiges Denken und Handeln daran ausrichten, legt auch Ihr Pferd alles, was Sie mit ihm tun, in seinem Gehirn als ein »Vorkommnis« unter »... sollte ich mir merken!« oder aber »... sollte ich künftig besser sein lassen!« ab. Und diese Erfahrungen beeinflussen sein Verhalten seiner gesamten Umwelt – auch Ihnen – gegenüber!
Erkennen Sie nun, wie sehr Sie selbst die Beziehung zu Ihrem Pferd beeinflussen?

Erziehung, Ausbildung, Beschäftigung ...

Praktisch bedeutet Bodenarbeit, dass Sie Ihr Pferd zunächst »von Grund auf« erziehen, und zwar zu Respekt, Vertrauen und Gehorsam. Das gelingt über einfache, aber höchst wirkungsvolle Übungen, die Sie später Schritt für Schritt kennen lernen. Damit formen Sie seinen Charakter. In Ihrem Beisein fühlt es sich beschützt. Es ist bereit zu gehorchen. Ein gut erzogenes, gehorsames Pferd ist immer auch ein sichereres Pferd.
Auf Erziehung baut Ausbildung auf, bei Menschen ebenso wie bei Pferden. Die meisten Pferde werden als Reitpferde eingesetzt, auch Ihr Pferd. Auch auf diese »Arbeit« können Sie es spielerisch, einfach und pferdegerecht vom Boden aus vorbereiten: durch Übungen, welche Bewegungen, Konzentration, Geschick und Trittsicherheit fördern. Sie können das Reittraining durch Bodenübungen auflockern und Fehler oder

Ganz konkret

+ Bodenarbeit sind sinnvoll aufeinander aufbauende Übungen, bei denen Sie Ihr Pferd nicht reiten, sondern sich zu Fuß mit und neben ihm bewegen.

+ Bei der Bodenarbeit verständigen Sie sich mit Ihrem Pferd auf gleicher Ebene und bauen so auf pferdegerechte Weise Respekt, Vertrauen und Gehorsam auf.

+ Bodenarbeit schult darüber hinaus Bewegungsabläufe, Konzentration, Geschick und Trittsicherheit des Pferdes.

+ Für Bodenarbeit sind keine Reitkenntnisse erforderlich; bei Beachtung einiger Sicherheitsregeln üben Sie weitgehend gefahrlos.

+ Bodenarbeit lässt sich fast überall durchführen, nur in der ersten Phase und für bestimmte Übungen ist ein eingefriedeter kleiner Platz notwendig.

+ Zur Bodenarbeit werden nur Ausrüstungsteile benötigt, die zur Grundausstattung des Pferdes gehören.

Probleme, die sich eingeschlichen haben, korrigieren. Und zwar nachhaltig.
Außerdem bietet Bodenarbeit zahllose Beschäftigungsmöglichkeiten, falls Sie selbst einmal nicht reiten können oder wollen. Oder wenn Ihr Pferd nicht geritten werden darf, aber sonst putzmunter ist. Warum es zu gelangweiltem Herumstehen im Paddock oder auf der Weide verdammen, wenn Sie gemeinsam Spiel und Spaß erleben können?

Auf dem
Boden der Tatsachen

»Bleib mal schön auf dem Teppich...« Unsere Sprache ist voller Redewendungen, die uns in direkter oder verschlüsselter Form raten, »auf dem Boden der Tatsachen« zu bleiben, wenn wir Erfolg haben wollen. Hier haben wir »festen Grund« unter den Füßen und können eine »solide Basis« schaffen. Spannend, welche Weisheiten unsere Sprache widerspiegelt, nicht wahr? Auch Partnerschaften brauchen eine solide Basis, sollen sie auf Dauer funktionieren. Partner müssen einander kennen und verstehen, Gespür füreinander entwickeln, sich in die Bedürfnisse des anderen hineinver-

setzen können. Es darf also nicht heißen: »Mein Pferd, das unbekannte Wesen...«. Vielmehr müssen Sie wissen, warum Ihr Pferd sich seiner Natur gemäß in bestimmten Situationen so und nicht anders verhält. Nur dann können Sie es dazu bringen, mit Ihnen zusammenzuarbeiten.

Am leichtesten lernen Sie sein Wesen kennen, wenn Sie es dabei beobachten, wie es mit seinesgleichen umgeht. Da Sie kaum Gelegenheit haben werden, einen Verhaltensforscher in die freie Wildbahn zu begleiten, liegt Ihr Forschungszentrum ganz nah... am Weidezaun! Hinter dem lebt Ihr Pferd als Pferd unter Pferden – in seiner Herde. Darin liegt ein wichtiger Schlüssel zu den meisten seiner Verhaltensweisen. Warum?

Wer gut schmeckt, lebt gefährlich

Ihr Pferd ist ein Pflanzen fressendes Säugetier. Pflanzenfresser »schmecken« gut und sind daher eine begehrte Beute. Und nun stellen Sie sich Folgendes vor: *Sie* sind ein ebenso leckerer Happen und leben mutterseelenallein in der Steppe. Sonnenschein, Bäume am Horizont, rundum blühendes Gras. Idylle pur? Nicht mehr, wenn Ihnen bewusst wird, dass sich von allen Seiten hungrige Raubtiere heranschleichen können. Können Sie mit der ständigen Furcht, deren krallenbewehrte Pranken gleich in Ihrem Nacken zu spüren,

1

....

1 Eine kleine Meinungsverschiedenheit? Gehört in der Gemeinschaft nun mal dazu...
2 Der Herdenkumpel schenkt Freundschaft – und Sicherheit!

....

noch entspannt nach Essbarem suchen? Oder sich zu einem Nickerchen niederlegen? Wohl kaum. Aber umgeben von Ihresgleichen ist Ihnen gleich viel wohler! Sie vereinbaren, Wachposten aufzustellen, die bei Gefahr Alarm schlagen. Dann können alle schnell weglaufen. Denn auf einen Kampf lassen Sie sich nur ein, wenn es gar nicht anders geht. Jetzt – als Hordenwesen – sind Ihre Überlebenschancen um ein Vielfaches größer! Natürlich müssen Sie sich mit Ihrer Horde verständigen können – möglichst auch lautlos, also durch Körper- und Zeichensprache. Richtet Ihr Wachposten sich kerzengerade auf und warnt mit erhobenem Zeigefinger: »Feind im An-marsch!«, dann geht die Post ab und alle rennen um ihr Leben. Zum Glück hat Mutter Natur Sie mit langen Beinen und enormer Ausdauer aus-gestattet, Sie also zum »Flucht- und Laufwesen« gemacht. Steht Ihr Wachposten dagegen locker und ent-spannt mit herabhängenden Armen, heißt das für alle ver-ständlich: »Macht ruhig weiter, Leute – im Moment ist alles in Ordnung!«

Pferde unter sich

Springen wir zurück in die Wirklichkeit des Pferdealltags. Verstehen Sie jetzt, warum Ihr Pferd (das immer noch wie ein Steppenbewohner denkt) möglichst im Freien leben möchte? Nur hier kann es seine Umgebung überblicken. Seine Augen sind so angeordnet, dass es Bewegungen auch am Rande seines Sichtfeldes deutlich wahrnimmt. Je früher es eine potentielle Gefahr erkennt, desto früher kann es auch fliehen – seine Überlebenschancen steigen. Verstehen Sie auch seinen Wunsch nach einem Leben in der Herde? Es braucht »Aufpasser«, um sich beschützt zu fühlen! Verstehen Sie, warum es so schnell scheut oder auch einmal durchgeht?

Der Drang, wegzulaufen, wenn es Gefahr vermutet, ist ihm angeboren.

Noch etwas wünscht sich Ihr Pferd: einen Boss. Der ihm sagt, wo's lang geht. Das klingt salopp, trifft aber den Punkt. Beobachten Sie mal, wie Ihr Pferd ohne zu zögern hinterher läuft, wenn die ranghöchste Stute der Gruppe entscheidet: Jetzt gehen wir zur Tränke. Das Leitpferd *führt* die Herde – zu Nahrung, Wasser, Ruheplätzen… und auf der Flucht. Es ist klug und umsichtig und fordert dafür Respekt und Vertrauen, und zwar bedingungslos. Die Leitstute braucht nur ein Ohr zurückzulegen – und das Gefolge wartet geduldig, bis sie ihren Durst gestillt hat. Dazu bedarf es keiner Worte, nur der erforderlichen Souveränität. Ihr ordnet sich jedes Pferd – auch Ihr Pferd – unter. Die Entscheidungen des Leitpferdes sind unantastbar. Wer sie in Zweifel zieht und einen Allein-gang wagt, landet womöglich im Magen des Wolfes. Das galt vor Tausenden von Jahren in der Steppe, das gilt für aus-nahmslos jedes Pferd auch heute noch hinterm Weidezaun.

Die Sache mit den Instinkten

Dabei geht es immer ums Überleben – als einzelnes Tier, also Individuum, und als Art. Doch während wir Menschen in vielen Alltagssituationen erst nachdenken und dann bewusst Entscheidungen treffen und handeln (na ja, immer auch nicht…), wird Ihr Pferd von Instinkten geleitet. Das bedeutet, es »antwortet« auf innere Impulse, Triebe oder Umweltreize mit einem bestimmten Verhaltensablauf, der typisch für seine Art ist.

Umweltreize sind Wahrnehmungen: alles, was das Pferd sieht, hört, schmeckt, wittert und fühlt. Ein Rascheln im Gras lässt es scheuen und vermutlich sogar weglaufen, eine für alle Fluchttiere typische Verhaltensweise. Bricht ein Zweig aus dem Baum und fällt auf seinen Rücken, bockt es oder keilt heftig aus. Instinktiv antwortet es also mit »Wehrverhalten«

auf diesen Reiz. Wir selbst würden lediglich »Huch« sagen, aber bei einem Rascheln im Gras weder weglaufen noch nach dem herabfallenden Ast schlagen. Unsere Instinkte bestimmen längst nicht mehr so ausgeprägt unser Handeln. Um unsere Anweisungen und »Hilfen« zu befolgen, muss das Pferd also vielfach *gegen* seine angeborenen Instinkte handeln. Doch, das kann es lernen… wenn wir ihm – über eine artgerechte Haltung hinaus – den Weg zur Zusammenarbeit mit uns ebnen. Ihm zunächst auf der gleichen Ebene begegnen wie der Artgenosse in der Herde. Es akzeptieren als Flucht- und Herdentier, als Steppenbewohner und Lauftier.

Ihr Pferd scheut oder steigt nicht, um Sie zu ärgern oder zu ängstigen, sondern weil seine Instinkte es ihm befehlen.

Und mit ihm in einer Sprache reden, die es versteht. Sozusagen als Pferd auf zwei Beinen. Wo könnte das besser gelingen als vom Boden aus?

Der Mensch – Freund oder Feind?

Mensch und Pferd sind Gefährten geworden. Mit Hilfe des Pferdes hat der Mensch Land erschlossen, Kriege geführt, Äcker bestellt und erste Infrastrukturen geschaffen, kurz: die Welt zu seinem Vorteil verändert. Klammern wir einmal aus, dass hier und da noch heute Pferdefleisch auf die Teller kommt und dass es Pferde gibt, die aufgrund von menschlichem Unvermögen in erbarmungslosem Zustand dahin vegetieren, so trachten wir seit ungefähr zehntausend Jahren dem Pferd nicht mehr (direkt) nach dem Leben. Zumindest rennen wir nicht mehr keuleschwingend hinter ihm her. Sind wir dennoch Freunde geworden? Ja, können wir überhaupt Freunde sein?

Zu Freunden wird man nicht, solange man einander fürchtet oder missversteht. Das wilde Pferd aber fürchtet den Menschen, denn als Jäger ähnelt er einem Raubtier: Er geht aufrecht, Waffen ersetzen die Pranken. Sein Blick ist nach vorn und damit zielgerichtet (siehe Grafik Seite 18), seine Bewegungen sind schnell und präzise, seine Stimme ist laut. Als der Mensch das Pferd zähmte, musste es erst lernen, dieses Verhalten nicht ständig als Bedrohung zu interpretieren. Es *gewöhnte* sich an das »Raubtier Mensch«. Aber bis heute schreckt es zurück, wenn wir uns hektisch bewegen und schreien. Wie also können wir das Vertrauen des Pferdes gewinnen? Sicher nicht, indem wir von *ihm* erwarten, dass es sich ändert (denn dann müsste erst einmal sein in Jahrmillionen entstandenes Erbgut mutieren).

Sondern indem *wir* unseren Verstand benutzen, uns in die Denkweise des Pferdes hineinversetzen und unser *eigenes* Verhalten ändern. Kurz: Wir achten darauf, uns *nicht* wie ein Raubtier zu verhalten. Das ist der leichtere und einfachere Weg.

Wo lässt sich besser Vertrauen erarbeiten als auf »gleichem Niveau«?

Angst vorm eigenen Pferd?

»Aber *ich* bin es doch, der manchmal Angst hat!« Vielleicht fühlen gerade *Sie* sich durch den Vergleich mit einem Raubtier vollkommen falsch eingeschätzt. Zunächst einmal: Nichtpferdebesitzer oder -kenner haben sehr oft Angst vor Pferden. Sie sehen ein großes, schnelles Tier, mit Hufen und Zähnen »bewaffnet«. Es kann einen Menschen umstoßen, mit sich zerren, beißen, treten und von seinem Rücken katapultieren. Freiwillig würden sie nie über einen Weidezaun klettern, geschweige denn auf einen Pferderücken.

Auch Pferdebesitzer sind vor dieser Angst nicht gänzlich gefeit. Hier scheinen die Rollen vertauscht – das Pferd wird

zum vermeintlich gefährlichen Gegenüber, der Mensch zum Fluchtwesen auf ständiger Hut: »Hoffentlich schnappt Lukas beim Satteln nicht nach mir, hoffentlich wirft er mich nicht ab...« Also versucht man es mit »Bestechungen«, erlaubt Lukas heute eine Unart, die man gestern zaghaft versuchte, ihm abzugewöhnen. Einem solch inkonsequenten Menschen aber *darf* Lukas nicht gehorchen. Sein Instinkt warnt: »Nein – der/die kann dich nicht beschützen und leiten. Triff *du* die Entscheidung, wo es lang geht... dann sind deine Überlebenschancen am größten!«

Lukas ist also in Wahrheit kein Problempferd, sondern ein verunsichertes Pferd. In dem Augenblick, in dem »sein«

Mensch die Rolle des Leitpferdes übernimmt und ihm dies klar und deutlich signalisiert (und das gelingt vom Boden aus einfach und ohne Verletzungsrisiko), wird Lukas vielleicht ein Weilchen zweifeln (»Na, meint er/sie es jetzt ernst oder nicht?!«). Schließlich aber akzeptiert er die neue Rangfolge – atmet auf und ordnet sich in Zukunft gern unter. Mit einem klugen Beschützer an der Seite ist das Dasein doch viel, viel leichter. Und diese neue Tatsache haben Sie nirgendwo anders geschaffen als auf dem »Boden der Tatsachen«.

Raubtier oder Fluchttier – Wer verhält sich wie?

Raubtier – Fluchttier

Raubtiere greifen mit aufgerichteter Haltung und vertikal verlaufenden Körperlinien an, Pranken oder Waffen kommen zum Einsatz. Allesfresser wie Mensch und Raubtier sind nur zu kurzen Sprints, Pflanzenfresser wie Pferde dagegen zu ausdauernder Flucht fähig.

Mensch und Raubtier schauen zielgerichtet nach vorne, die Augenstellung ist fast identisch.
Das Pferd hat dagegen eine zur Seite hin orientierte Rundumsicht.

Horizontal verlaufende Körperlinien bedeuten bei Raub- und Fluchttier Entspannung.

Auf Wachposten steht nur das Leittier.

Wenn Janosch reden könnte...

Ich entscheide mich... drei Worte, die *immer* Konsequenzen haben. Sich für etwas zu entscheiden heißt, etwas anderes aufzugeben. Ilka hat sich entschieden: *für* Janosch, den Schimmelwallach. Leicht hat sie sich die Entscheidung nicht gemacht. Denn für Janosch zu sein heißt gleichzeitig, auf teure Klamotten und Urlaubsreisen zu verzichten. Nicht nur Janosch, auch seine Ausrüstung, Stallmiete, Hufschmied und Tierarzt kosten Geld. Ilka hat lange gerechnet: So und so viel verdient sie netto, so und so viel gibt sie für Wohnung, Auto, Versicherungen und Haushaltsführung aus. Auch für ihre private Altersversorgung legt sie etwas zurück. Was übrig bleibt, reicht für Janosch. Aber nicht für sonstige Extras. Wenn sie sparsam lebt, kann sie noch einen kleinen Notgroschen zurücklegen – für den Fall, dass sie mal ihre Arbeit verliert oder Janosch in eine Tierklinik muss. Leicht wird es nicht, aber sie will eine echte Horsewoman sein. Horsemanship heißt: »Ich handle im Sinne und zum Wohle meines Pferdes!« Mit der Entscheidung für Janosch hat Ilka ein neues Kapitel in ihrem Lebensbuch aufgeschlagen. Sie hat nun einen vierbeinigen Partner, für den sie verantwortlich ist. Sie kann ihr Pferd nicht einfach in die Steppe schicken, wenn sie kein Geld mehr für Stallmiete, Wurmkuren oder Impfungen aufbringen kann. Oder keine Zeit mehr für seine Pflege und seine Beschäftigung. Sie musste vorher in Gedanken alle Eventualitäten durchspielen und Vorsorgemaßnahmen treffen. Sie weiß auch, dass – wenn Janosch sich in unserer Sprache mitteilen könnte – er sie bitten würde: »Sei du der Mensch«, würde er sagen, »sei du der Mensch...

... der mir eine Herde zugesteht oder, wenn wir zu zweit sind, die Herde ersetzt.

... der mir ermöglicht, weit um mich zu blicken, damit ich mich frei fühlen kann.

... der mir ermöglicht, meinen Bewegungsdrang, meine Neugier und meine Freude am Spiel auszuleben.

... der zunächst meine Sprache erlernt und mit mir auf meine Weise spricht.

... der sich so eindeutig und klar verhält wie ein Leitpferd, damit ich ihn respektieren und ihm vertrauen kann.

... der der Klügere ist von uns beiden, damit ich mich bei ihm sicher fühlen kann,

... der mir nicht verübelt, dass ich ein Fluchttier bin und immer bleiben werde.

Wenn du dieser Mensch sein willst und kannst, dann darfst du mir gern zeigen, dass es schön ist...

... dich viele Stunden lang durch die Landschaft zu tragen,

... mit dir über kleine Hindernisse zu springen,

... die Kutsche zu ziehen, auf der du sitzt,

... für dich lustige Kunststücke zu lernen und, und, und... was immer uns beiden Freude macht.

Aber nähere dich mir erst einmal vom Boden aus, wo ich dich sehen kann. Dann will, werde und kann ich dein Freund sein.«

20

Kommunikation: W a s willst du mir sagen?

Schlagen Sie einmal das Lexikon auf. Kommunikation, heißt es da, kommt von lateinisch »Unterredung, Mitteilung«. Dabei werden Zeichen oder Botschaften zwischen Menschen, Tieren, lebenden Organismen und sogar zwischen technischen Systemen beziehungsweise zwischen Mensch und Maschine ausgetauscht (... jetzt denken Sie zu Recht an Ihre gelegentlichen »Verständigungsprobleme« mit Ihrem PC). Stark vereinfacht ausgedrückt gibt ein Sender eine Information oder Botschaft an einen Empfänger weiter, zum Beispiel, indem er zu ihm spricht oder ihm einen Brief schickt. Reagieren wird der Empfänger aber vermutlich nur dann auf die gewünschte Weise, wenn er die übermittelte Botschaft auch lesen beziehungsweise verstehen, also »entschlüsseln« kann.

Senden auf verschiedenen Kanälen

Wir Menschen denken bei Kommunikation in erster Linie an unsere Sprache. Aber nicht nur unsere Stimme sagt: »Ich mag dich«. Gleichzeitig senden wir unserem Gegenüber auf einem zweiten, dem »non-verbalen Kanal« Informationen über uns... darüber, wie wir uns fühlen, was wir uns wünschen und erwarten. Wir tun dies, indem wir uns ihm zuwenden, einen Schritt näher treten, lächeln und ihm die Hand entgegenstrecken. Diese nichtsprachlichen Formen der

Kommunikation sind stammesgeschichtlich viel älter als die Sprache. Sie sind uns angeboren und funktionieren über die Kulturen hinweg. Bei uns Menschen spielen neben der Stimme Mimik und Gestik eine wichtige Rolle. Aber auch der

Wer spricht mit wem auf welche Weise?
Je nach Sender und Empfänger werden Botschaften unterschiedlich verschlüsselt.
Der Begriff Körpersprache besteht aus den Aspekten Körperhaltung, -bewegung und -positionierung.

Körperausdruck: Wo wir stehen, wie wir uns bewegen, ob wir es wagen, näher zu kommen oder lieber auf Distanz bleiben. Als Zweibeiner zeigen wir durch hängende Schultern, geneigten Kopf und wenig Körperspannung an, dass wir traurig oder enttäuscht sind. Bei Aufregung wiederum ändert sich der Muskeltonus. Wir sind »gespannt wie ein Flitzebogen«.

Die Sprache der Körperlinien

Als Fluchttiere verständigen sich Pferde hauptsächlich über ihren Körper. Um in der Wildnis zu überleben, *muss* der Artgenosse die über den Körper vermittelte Nachricht schnell und eindeutig deuten können. Jedes Zögern oder Mutmaßen kann bereits den Tod bedeuten. Auch seine Stimme kann das wilde Pferd nicht wie wir Menschen einsetzen. Denn am liebsten würde es sich ja unsichtbar machen. Wer würde da – bei günstigem Wind – durch schrilles Wiehern den eigenen Standort preisgeben?! Kein Pferd, das überleben will!
Bei Pferden muss der Körper die Botschaften »transportieren«, besser: die Körperlinien. Stellen Sie sich vor, die Herde grast. Kein Feind ist in Sicht. Die Nasen stecken im Grün, die Hälse sind gesenkt. Die Pferde dösen oder fressen. Gemächlich bewegt sich die Herde vorwärts, die Bewegungen sind ruhig und »flach«. Jetzt raschelt's im Gebüsch. Der Wachposten reißt den Kopf hoch, hört auf zu kauen, bläht die Nüstern. Die Ohren schnellen nach vorn. Von einer Sekunde zur anderen sind alle Muskeln gespannt. Aufgeregt macht er ein, zwei kurze Schritte mit hoher Knieaktion ... jetzt verlaufen die Oberlinien überwiegend senkrecht (= aufrecht, vertikal). Die Bewegungen sind akzentuiert, steil nach oben gerichtet. Alle sind alarmiert ... und bereit zu Flucht oder Kampf.

Was Augen, Ohren und Lippen sagen

Das ist sozusagen die »Grobsprache«, die dem Überleben dient. Darüber hinaus gibt es natürlich eine Vielzahl anderer,

viel feiner abgestimmter Signale. Ein wichtiges ist die Mimik: Aufgerissene Augen, das Rollen der Augäpfel zeigen Angst an oder Abwehr. Zurückgelegte Ohren signalisieren Abneigung, aber auch Vorsicht und Zurückhaltung. Ein Ohr vor, eines zur Seite oder zurück beziehungsweise »spielende Ohren« bedeuten Zögern oder Unschlüssigkeit, die locker hängende Unterlippe Wohlbehagen und Entspannung. Zieht das Pferd die Oberlippe weit nach vorn-unten, genießt es wohlige Gefühle – beim Wälzen oder Schubbern. Hingegen deutet ein festes Maul mit zusammengepressten Lippen immer auf Abneigung, Ärger oder – vor allem in Verbindung mit einem deutlich sichtbaren Dreieck oberhalb der Maulwinkel – Schmerz hin.

»Komm mir nicht zu nahe!«

Auch Körperhaltungen sind wichtig. Pferde, die sich nicht mögen, wenden einander das Hinterteil zu ... und weisen den Feind damit auf ihre gefährlichste Waffe hin: den Hinterhuf. Reicht diese Form des Drohens nicht aus, wird der Huf leicht angehoben und das Hinterbein angewinkelt – bereit zum Auskicken. Auch nach vorn mit fast waagerecht gehaltenem Vorderbein keilen Pferde aus – Stuten, die einander auf Abstand halten wollen, Hengste, die so oft Rangeleien einleiten.

Wiehern, Grummeln, Quietschen, Röhren

Auch wenn die Stimme eher von untergeordneter Bedeutung ist, kennen und verwenden Pferde doch eine Menge unterschiedlicher Laute: Laut und melodisch tönt das »Wo bist du? Ich bin hier!«-Wiehern. Zärtlich grummelnd begrüßen Mutterstute und Fohlen oder befreundete Pferde einander. Andere stupsen sich mit den Nasen an und quietschen: Sie wissen noch nicht recht, was sie voneinander halten sollen. Und tief und geradezu röhrend klingen die Laute beim Kampf oder bei starkem Schmerz.

Kommunikation: Was willst du mir sagen?   Ein vertrauensvolles Pferd

22

Thema... und doch so uralt wie die Welt! Warum? Weil viele Lebewesen durch die Art, von welcher Richtung und wie weit beziehungsweise nah sie aufeinander zugehen oder sich neben-, vor- und hintereinander bewegen, auch ihr Befinden und ihre Rangordnung demonstrieren. Übrigens ohne sich darüber bewusst Gedanken zu machen!

Sie stutzen? Dann überlegen Sie einmal, woher wohl Ausdrücke wie »Rück mir nicht gleich auf die Pelle!« oder »Bleib mir vom Leibe!« herrühren! Auch Sie fühlen sich »unangenehm berührt«, wenn Ihnen ein Fremder zu nahe kommt, selbst wenn er Sie gar nicht wirklich berührt, Sie versuchen, möglichst schnell »weg von ihm« zu kommen. Ein ängstliches Tier weicht zurück, wenn sich sein selbstsicherer Artgenosse ihm bloß zuwendet. Auch Ihr Pferd benutzt diese Art, um mit seinesgleichen (und mit Ihnen!) zu kommunizieren. (Wenn Sie mögen, schauen Sie dazu gleich jetzt die Klappe hinten im Buch mit den »Knack- und Schlüsselpunkten des Pferdes« an, über die Sie später noch mehr lesen werden).

Die Sache mit der Individualzone

Von besonderer Bedeutung ist die »Individualzone«. Das ist der Bereich, den die meisten Lebewesen als ihr ureigenes Territorium betrachten. Fast so, als ob der Körper noch ein Stück über die Haut hinausreichen würde.

Das trifft im Übrigen auch auf uns Menschen zu! Dringt jemand, den wir nicht mögen oder fürchten, in diese Zone ein, fühlen wir uns unbehaglich, wütend oder ängstlich. »Komm mir nicht zu nahe!« warnen wir und weichen zurück oder (zumindest taten das unsere aggressiveren Steinzeitvorfahren) gehen auf den »Eindringling« los.

Proxemik... schon mal was davon gehört?

Aber das ist noch nicht alles – weder in der Welt der Pferde noch der der Menschen. Denn auch die Art, wie wir unseren Körper im Verhältnis zu unserem Gegenüber »positionieren«, sagt etwas über den Inhalt unserer Botschaften aus. In der Fachwelt heißt dieses erst 1966 begründete Forschungsgebiet Proxemik, die »räumliche und dynamische Komponente der Kommunikation«. Ein höchst spannendes

Kommunikation: Was willst du mir sagen?   Ein vertrauensvolles Pferd

23

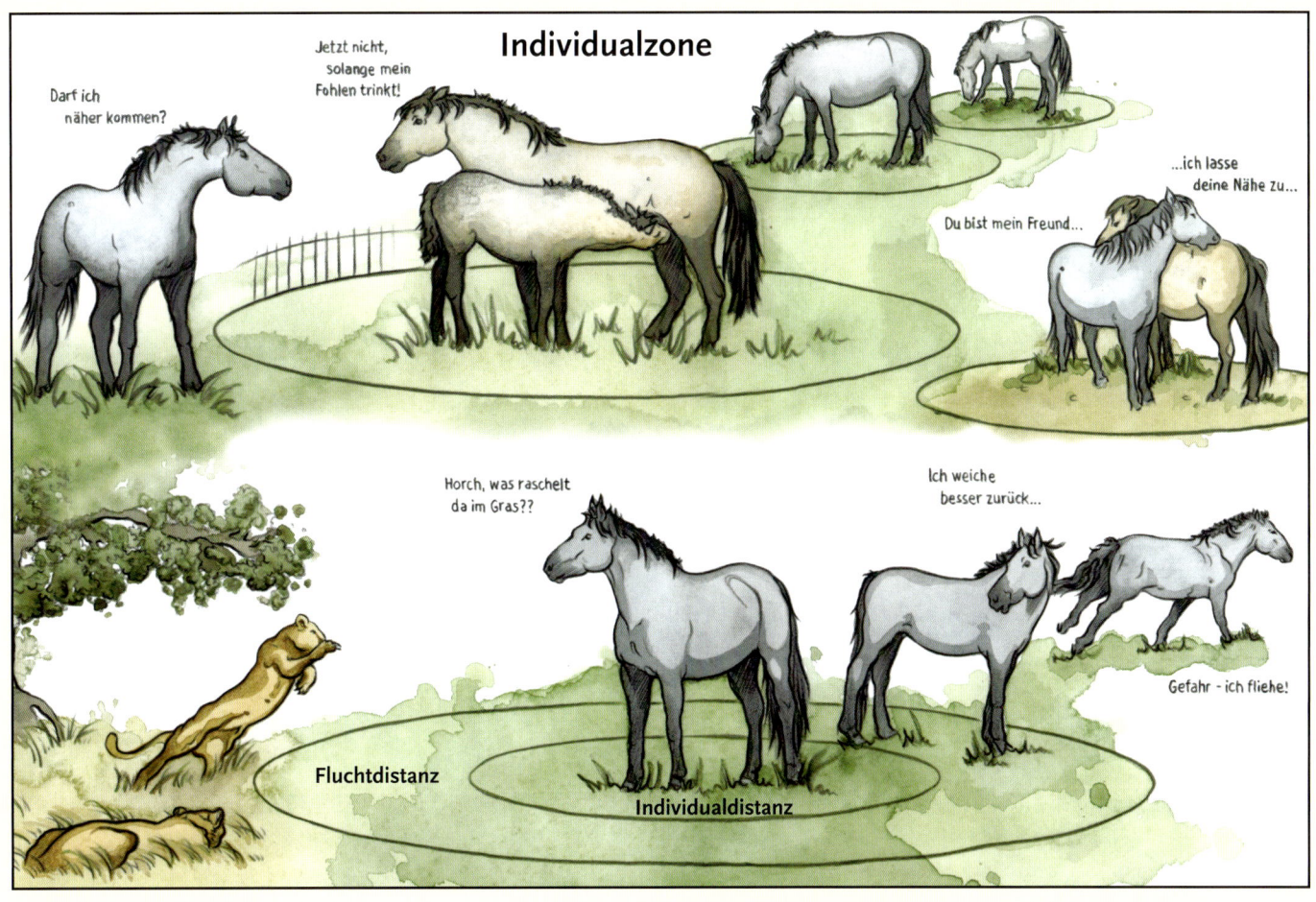

Ein »Ei« ums Pferd ...

Bei Pferden zieht sich diese Individualdistanz (so wird sie auch genannt) wie eine Ellipse um ihren Körper. Im allgemeinen misst das »Ei«, das das Pferd wie ein unsichtbarer Zaun umgibt, ein- bis anderthalb Pferdelängen, von jeder Seite des Pferdes aus gemessen. Fremde Pferde respektieren diese Grenze. Sie warten auf eine Einladung, ehe sie näher treten. Nur sehr gute Freund oder das eigene Fohlen oder der Paarungspartner dürfen die Grenze ohne Einladung überschreiten.

Zwei Kreise umgeben unsichtbar jedes Pferd:

Der innere Kreis markiert die Individualzone des Herdentiers Pferd, in die nur Fohlen/Mutterstute, Freund/Freundin oder Hengst/Stute (bei der Paarung) eindringen dürfen.

Der äußere Kreis markiert die Fluchtdistanz: Bei »Alarm« weicht das Pferd an seinen Rand zurück und bewertet die Situation, bei weiterer Unsicherheit flüchtet es.

... und ein zweites dazu!

Um die Individualdistanz herum erstreckt sich ein etwas größerer Bereich, die »Fluchtdistanz«. So heißt der Abstand, den das Pferd zwischen sich und einer möglichen Gefahr wissen möchte. Diese Distanz gibt ihm die Sicherheit, notfalls noch schnell fliehen zu können. Hört, sieht oder wittert das Pferd etwas, kann es aber nicht genau deuten, wird es sich zunächst an den äußersten Rand seiner Fluchtzone zurückziehen. Von hier aus versucht es, die Lage zu beurteilen: »Ist das, was sich da nähert, gefährlich oder harmlos?« Je nachdem, wie es die Situation bewertet, wird es dann flüchten oder weitergrasen.

Und so lernen Sie »pferdisch« sprechen...

Am besten üben Sie zunächst daheim vorm Spiegel. Er soll Ihnen nicht (bloß) zeigen, wie attraktiv Sie dabei aussehen, sondern wie Sie durch Haltung, Gestik und durch An- und Abspannen bestimmter Muskelgruppen Ihren Körperausdruck verändern. Erinnern Sie sich? Senkrecht verlaufende Körperlinien, eine hohe Körperspannung und nach oben gerichtete, akzentuierte Bewegungen signalisieren »Aufgepasst«. Waagerecht verlaufende Körperlinien, wenig Körperspannung und flache, fließende Bewegungen signalisieren: »Alles okay!«

Noch etwas ist wichtig: Ob Sie sich dem Pferd zu- oder von ihm abwenden. Grundsätzlich heißt Zuwenden: »Ich interessier' mich für dich!« In Verbindung mit der entsprechenden Körperhaltung, -spannung und -bewegung können Sie ihm so signalisieren: »Komm doch her!« oder »Geh weg!«. Abwenden in entspannter Haltung heißt einfach: »Im Augenblick erwarte ich nichts Bestimmtes von dir!« Das bedeutet nicht Ablehnung, sondern mag bloß ausdrücken: »Ich brauche dir ja nicht extra zu sagen, dass du mitkommen darfst!«. Erst wenn Sie sich abwenden *und* Ihren Körper aufrichten und anspannen (und Arme, Gerte oder Strick nach hinten richten und damit schlenkern), signalisieren Sie: »Halte besser Abstand!«. Ein ranghöheres Pferd würde seitlich (und recht unfreundlich) nach hinten gucken und notfalls auch das Hinterbein kurz anheben (»Pass auf, sonst knallt's!«).

... und die Stimme?

Kaum zu glauben, aber wahr: Eigentlich benötigen Sie Ihre Stimme nur, um Ihrem weit entfernt weidenden Pferd anzukündigen: »Ich bin da!« Alles andere klappt generell ohne Worte. Ihr Pferd würde nichts vermissen (Sie allerdings wohl doch). Sie können Ihre Wünsche durch bestimmte »Kommandos« (schrecklicher Ausdruck, ersetzen wir ihn besser durch Anweisungen oder Wünsche!) und Ihre Stimmung durch Stimmlage und Tonfolge unterstreichen. Welche Worte oder sonstigen Stimmsignale Sie wann am sinnvollsten benutzen, erfahren Sie noch.

....

Annette und Henning zeigen, wie Körpersprache auch ganz ohne Worte funktioniert.

....

Die vier wichtigsten Botschaften

»Aufgepasst!«

Sie möchten Sie Aufmerksamkeit Ihres Pferdes wecken. Und/oder es zugleich auf »Respektabstand« halten: Stellen Sie sich aufrecht hin, Schultern leicht zurück, Kopf hoch, Kinn etwas vorstrecken. Nun einen Arm mit erhobenem Zeigefinger anheben und den ganzen Körper (bitte nur) leicht anspannen. Kein psychisch gesundes Pferd wird es jetzt wagen, *Ihre* Individualzone zu betreten. (Falls Ihr eigener Rüpel das dennoch tut, haben Sie(nur) derzeit noch ein Rangordnungsproblem.

»Geh weg!«

Sie möchten ein Pferd freundlich, aber bestimmt zurückweisen, weil es sich »uneingeladen« nähert. Weichen Sie bitte nicht zurück (damit würden Sie Unterlegenheit demonstrieren!). Strecken Sie stattdessen einen oder beide Arme nach vorn aus, »wedeln« damit herum und treten auf das Pferd zu! Ein ranghöheres Pferd würde Hals und Kopf mit schlängelnden Bewegungen vorstrecken und den Eindringling so aus seiner Individualzone verscheuchen. Wichtig: Selbstsicherheit ausstrahlen!

»Beruhige dich!«

Sie möchten Ihr Pferd beruhigen. Vielleicht, weil es herumhampelt oder im Longierzirkel herumrast. Hektische Versuche, es »irgendwie« zu stoppen, bewirken jetzt nur das Gegenteil! Also, auch wenn's schwer fällt: Ignorieren Sie die Hampel- oder Raserei und strahlen Sie selbst Ruhe aus. Entweder vollkommen neutral stehen bleiben oder, mit dem Pferd an der Hand, ruhig weitergehen. Wichtig: Lassen Sie Ihre Arme unten! Am besten mit der Hand in Oberschenkelhöhe beschwichtigende Bewegungen (nach unten gerichtet) machen. Es wirkt!

»Komm doch her!«

Sie wollen, dass Ihr Pferd künftig zu Ihnen kommt. So geht's: Wenden Sie sich Ihrem Pferd leicht von der Seite zu. Stehen Sie aufrecht, locker, Kopf leicht geneigt, Pferd anschauen und wieder wegschauen. Lassen Sie die Arme unten. Machen Sie eine einladende Bewegung mit der rechten Hand und eine Art kleinen »Hofknicks«. Sie dürfen auch einen kleinen Schritt zurückmachen. Es wird klappen – an der Boxentür, im Offenstall, im Großpaddock, im Longierzirkel, auf der Weide. Vielleicht heute noch nicht, aber nach unseren Übungen. Garantiert. Denn wie Sie nun schon wissen, laden Pferde einander ein, wenn sie Freundschaft schließen möchten. Wollen Sie künftig alle Diskussionen um die Rangfolge vermeiden, gehen Sie *niemals* Ihr Pferd holen. Lassen Sie es grundsätzlich zu sich kommen. »Geht nicht!« Sie erinnern sich an schweißtreibende Einfangaktionen auf der Weide? Vielleicht heute noch nicht. Aber wenn Sie die Übungen weiter hinten im Buch *konsequent* durchziehen und *danach* selbstsicher von Ihrem Pferd erwarten, dass es Ihrer Einladung folgt, werden Sie künftig gemütlich am Weidetor oder wo immer stehen bleiben können. Ihr vierbeiniger Freund *wird* kommen.

Ausrüstung: Warum es eine Kleiderordnung gibt!

auch am Boden

Auch wenn uns so manche Werbefotos spärlich bekleidete Mädchen mit fliegenden Haaren, Minishirts und -shorts und nackten Beinen an und auf prachtvollen Pferden präsentieren, gibt es für den Pferdealltag doch so etwas wie eine Kleiderordnung. In kurzen Hosen scheuert man sich nun mal im Sattel die Beine wund und in Riemchensandalen läuft man

neben dem Pferd ständig Gefahr, durch einen versehentlichen Tritt mit dem Huf die Unversehrtheit der Zehen einzubüßen. Und wer schon einmal von einem ungebärdigen Pferd mitgerissen wurde, erinnert sich sicher an die schmerzhafte Brandwunde, die der Nylonstrick in der Handinnenfläche hinterlassen hat. Der Seufzer »Hätt' ich bloß Handschuhe angehabt...« hilft hinterher wenig.

Auch wenn Reitkleidung modisch chic sein darf, ist sie in erster Linie funktional: Am und auf dem Pferd soll sie bequem mit allen Bewegungen mitgehen, Ihren Körper trocken und angenehm temperiert halten, auch wenn Sie mal ins Laufen kommen, und vor äußeren Einwirkungen – Abschürfungen, Insektenstichen, aber auch Sonnenbrand – schützen. Bei der Bodenarbeit stehen Sie am und gehen mit dem Pferd. Dabei wollen Sie sich wohl fühlen – auf jedem Boden, bei jeder Witterung und auch, wenn Ihr Pferd mal nicht ganz so kooperativ ist. Ihre Kleidung selbst darf Sie nicht behindern oder einengen, auf glattem Grund brauchen Sie festen Halt. Ein paar Taschen, in denen Sie verschiedene Utensilien verstauen können, sind auch praktisch. Und da es in den meisten Reitanlagen viele unbefestigte Bereiche gibt und Naturgrund bei schlechtem Wetter »natürlich« tiefgrundig oder salopper gesagt matschig wird, Sie also nicht immer sauber heimkehren, sollte Ihre Kleidung außerdem pflegeleicht sein.

....

Perfekt ausgerüstet – fast wie für einen Modekatalog – präsentieren sich Iris und Momo.

....

Zeigt her Füße, Kopf und Hände ...

Nun schauen Sie in Ihren Kleiderschrank. Vermutlich steckt da schon alles drin, was Sie bei der Bodenarbeit anziehen können. Gehen Sie nach dem Zwiebelschalenprinzip vor:

- Kein Tabuthema ist Ihre Unterwäsche. Sie können auch am Boden mal ins Schwitzen kommen (später, beim Joggen hinter dem Pferd zum Beispiel ...). Ihre Wäsche muss Feuchtigkeit aufsaugen, aber nicht festhalten (wie reine Baumwolle), sondern an die nächste Schicht weiterleiten. Nur so bleibt Ihr Körper trocken und Sie erkälten sich seltener. Ideal ist Sportunterwäsche aus Baumwoll-Kunstfaser-Mix.

- Darüber kommt die Oberbekleidung. Polohemd, T-Shirt oder Sweater: Alles, was nicht so schnell knittert und pflegeleicht ist, eignet sich. Dazu eine Reithose (praktisch sind die neuen »Feelgood«-Gewebe – moderne Hightech-Textilien, die die Körperfeuchtigkeit nach außen ableiten, Regen aber abweisen und blitzschnell trocknen). In ihnen fühlen Sie sich im Sommer nicht wie in einer Gummihose. Aber auch eine Jeans ist bei trockenem Wetter geeignet, denn Sie sitzen ja nicht auf dem Pferd.

- Praktisches Darüber (auch im Sommer) ist eine lange Weste mit vielen Taschen (nicht nur) für Belohnungsleckerlis, Handy, Geldbörse, Kleinkram, Hufräumer und so weiter.

- Für Wind und Wetter brauchen Sie eine Outdoor-Jacke. Denn in der Zirkelmitte kann's frisch und nass werden. Dann wissen Sie einen langen Reitmantel zu schätzen. Oder Sie schützen die Beine durch Überhosen.

- An die Füße gehören Strümpfe, die den Schweiß aufsaugen und nicht in Hose oder Stiefel rutschen, sowie feste, knöchelumschließende Schuhe (Wanderreitschuhe, Stiefeletten, Reitschuhe) mit leicht profilierter rutschfester Sohle. Sie müssen darin längere Strecken bequem laufen können! Normale Langschaftstiefel sind ungeeignet.

- Und bitte die Hände mit Handschuhen schützen, wann immer Sie etwas Strickähnliches halten, an dessen anderem Ende ein Pferd »hängt«. Auch wenn es 99-mal gut geht, kann das 100ste Mal schrecklich weh tun, wenn das Seil durch die Hand rutscht! Und Schweiß saugen Handschuhe außerdem auf!

- Einen Helm brauchen Sie nur, wenn Ihr Pferd (noch) ein solcher Rüpel ist, dass es gezielt nach Ihnen schlägt.
  Dann empfiehlt sich auch eine Schutzweste ... und ein erfahrener Ausbilder, der Sie bei der Arbeit mit Ihrem Pferd unterstützt. Solche Pferde sind glücklicherweise eine Ausnahme.

- Trotzdem: Eine Kopfbedeckung ist praktisch. Schirmkappen schützen gegen Sonne und Wind, ein Hut (mit Kinnbandel) gegen Nässe und Kälte.

....

1 Mit Hut und Outdoor-Jacke ist Henning für alle Wetterlagen gerüstet.

2 Richtig so! Natürlich schützt Thorsten seine Hände mit gut sitzenden Handschuhen.

3 Praktisch und gut aussehend: Hennings robuste halbhohe Stiefeletten.

....

Gerte und Longierpeitsche

Auch wenn Sie vom Boden aus am Pferd möglichst natürlich, sprich pferdegerecht arbeiten wollen, brauchen Sie auf Hilfsmittel nicht zu verzichten: Gerte und Longierpeitsche. »Mein Wotan hat Angst vor der Gerte, deswegen verwende ich nie eine...!« Traurig, dass so manches Pferd irgendwann Menschen ausgeliefert war, die Gerte oder Peitsche als Prügel benutzten. Aber auch wenn es eine Weile dauern mag, können Sie Ihrem Pferd behutsam wieder Vertrauen einflößen – in den Menschen schlechthin, dann natürlich in Sie, Ihren Arm, Ihre Hand ... und die Peitsche. Eines Tages werden Sie seinen ganzen Körper damit berühren, mit dem Peitschenschlag um seine Ohren wedeln oder ihn neben seinen Augen durch die Luft knallen lassen können – und es wird nicht einmal mit der Ohrspitze zucken. Garantiert! Auch solche Wunder bewirkt Bodenarbeit...

Doch zur Sache: Die Gerte soll bei Stillsteh- und Führübungen Ihren Arm verlängern, und zwar so, dass Sie damit zum Beispiel auch die Fesseln des Pferdes berühren können, ohne Ihre Körperhaltung zu verändern. Eine Springgerte ist 75 cm lang und damit zu kurz. Besser ist eine Dressurgerte

Tipp

+ Kleben Sie einen Streifen Isolierband um den Übergang zwischen Peitschenstab und Peitschenschlag. Dann reißt die Nylon-Ummantelung nicht so leicht und der Stab schiebt sich nicht aus der Hülle heraus. Auch eine bereits defekte Longierpeitsche können Sie so reparieren!

(die besitzt keine unhandliche Schlaufe) von 1,10 m bis 1,20 m. Ihr Pferd soll sie gut sehen können, denn in erster Linie zeigen Sie ihm mit der Gerte etwas und erst in zweiter Linie benutzen Sie sie, um es zu berühren (touchieren, wie es in der Fachsprache heißt).

Teilweise auch für Führübungen, aber unbedingt fürs Longieren brauchen Sie eine Longierpeitsche. Falls Sie jetzt »nein« sagen oder »... geht bei meinem Pferd auch so!«, freuen Sie sich erst einmal, dass Ihr Pferd auch ohne gut auf Sie reagiert. Benutzen Sie aber bitte, falls Sie die hier beschriebenen Übungen nacharbeiten wollen, trotzdem eine. Sie können damit präziser arbeiten und – für Ihr Pferd viel besser sichtbar – mit der Spitze ganz genau auf bestimmte Körperteile »zielen«. Das macht ihm das Lernen viel einfacher (und Sie möchten doch, dass es leicht und gern lernt).

Normale Longierpeitschen besitzen einen zwischen 1,60 m und 2,00 m langen Stab mit Kunststoff- und Fiberglaskern und einen ungefähr ebenso langen Schlag. Je weniger die Peitsche wiegt, desto leichter liegt sie in Ihrer Hand und

Dressurgerte und Longierpeitsche verlängern Ihren Arm und verdeutlichen Ihre Anweisungen.

desto geschickter gehen Sie damit um. Also beim Kauf aufs Gewicht achten. Die meisten Longierpeitschen sind schwarz, aber mittlerweile gibt es auch weiße auf dem Markt. Die kann Ihr Pferd natürlich besser erkennen (auch wenn Sie sie öfter mal abschrubben müssen).

Vom meisterlichen Umgang mit dem »Taktstock«

Schrecklich, was in manchen Ställen mit Peitschen veranstaltet wird. Entweder werden sie als Prügel missbraucht oder es wird damit »irgendwie« herumgefuchtelt, bis das arme Pferd gar nicht mehr weiß, was es tun soll. Hand aufs Herz: Hat Ihnen schon mal ein Reitlehrer genau (wirklich *genau*) erklärt, wo und wie Sie die Gerte halten sollen und wie Sie sie durch minimale Drehungen aus dem Handgelenk heraus präzise bewegen, um Ihre Schenkelhilfen zu unterstützen? Wenn jetzt 10 von 100 Lesern »Ja, meiner…!« ausrufen, ist das eine Sensation! Ja: Richtig eingesetzt sind Gerte und Longierpeitsche fast so etwas wie Präzisionsinstrumente. Und bei einem solchen Instrument heißt es: Übung macht den Meister! Sie müssen sich mit Gerte oder Peitsche wohl fühlen. Es sind Ihre »Taktstöcke« (... und Dirigenten nehmen sich Zeit, um *ihren* Taktstock auszuwählen), mit denen Sie Ihr Pferd (hoffentlich bald) auch aus der Entfernung dirigieren werden. »Reicht dazu nicht ein dicker Strick?!« Okay, wenn Sie es als Freizeitcowboy schaffen, ein Seil vom Pferd aus so zu werfen, dass es sich um die Hinterläufe eines Kalbes schlingt und es zu Boden wirft, brauchen Sie bei der Bodenarbeit keine Longierpeitsche. Aber es ist einfacher, mit Gerte oder Longierpeitsche den eigenen Arm zu verlängern und gezielt punktgenau auf Karpalgelenk, Sprunggelenk oder Kruppe zu zeigen oder *sanft* zu tippen. Mit dem Seil wird das eine grobe und damit fürs Pferd missverständliche Sache. Üben Sie erst mal trocken ohne Pferd: Entwickeln Sie ein Gefühl für Ihre Taktstöcke. Suchen Sie Zielpunkte, die Sie, ohne Ihren Körper zu bewegen, antippen. Lassen Sie bei der Longierpeitsche den Schlag erst über den Boden schlängeln und dann in verschiedenen Höhen saubere Kreise ziehen. Wechseln Sie die Peitsche vor und hinter Ihrem Körper von einer Hand in die andere. Stellen Sie eine leere Dose auf einen Baumstumpf und »fegen« Sie sie mit dem Peitschenschlag herunter. Üben Sie kreativ! Sobald Sie Ihrer/m Liebsten eine Margaritenblüte von den Lippen »schlagen« können, braucht Ihr Pferd mit Sicherheit keinerlei Angst vor Ihnen und der Peitsche zu haben. Es wird vielmehr nach Ihrem Taktstock tanzen!

Halfter, Strick und Company

Ein schöner Traum (... nein, nicht nur. Es gibt Momente, da wird er wahr!): Ihr Pferd folgt Ihnen frei laufend wie ein gut erzogener Hund. Oder – mitten auf dem Dressurviereck von 20 m x 40m oder gar 60 m – bewegt es sich auf dem Zirkel um Sie herum und befolgt fleißig jede Anweisung. Frei, ohne Longe, ohne Seil. Wenn Sie Ihr Pferd lieben und bereit sind, ein bisschen (mehr) Zeit ins Üben zu investieren, gelingt auch Ihnen das eines Tages. Natürlich sind Sie ein verantwortungsbewusster Mensch und bleiben dabei auf eingefriedetem Gelände. Sie marschieren nicht einfach mit dem »nackten« Pferd durch die Landschaft.

Denn bei aller Liebe und allem Vertrauen: Wir alle müssen stets auch an die Sicherheit denken – die unserer Pferde und unserer Mitmenschen. Nicht, dass Pferde Menschen nach dem Leben trachten. Aber sie sind große, starke Fluchttiere. Unbeaufsichtigt können sie in unserer modernen Welt allerhand – milde gesagt – Unfug oder, dramatischer, aber auch realistischer ausgedrückt, Schaden anrichten. Und leider auch selbst erleiden. Daher ist es unsere – auch Ihre – Pflicht, sie »unter Kontrolle« zu halten, also über Richtung, Gangart und Tempo zu bestimmen. Dazu brauchen wir etwas, das uns mit dem Pferd »verbindet«.

Warum es Zäumungen gibt

Diese Verbindung (buchstäblich das Band zwischen uns und dem Pferd... toll, unsere Sprache, nicht wahr?) schafft die Zäumung. Anfangs war es wohl bloß ein geflochtenes Band oder ein Lederriemen. Später entstand das Halfter. Aus ihm entwickelten sich die gebisslosen Zäumungen. Irgendwann kam ein findiger Mensch auf die Idee, seinem Pferd ein Mundstück ins Maul zu legen. Aber Zäumungen sind nicht bloß Ausrüstungsteile, die »irgendwie« dafür sorgen, dass das Pferd nicht wegläuft, weder an der Hand noch unterm

Sattel. Sie liegen vielmehr an empfindlichen Kopfteilen beziehungsweise im Maul auf und wirken auch auf verschiedene Weise. Wie und wo das geschieht, beeinflusst die Verständigung zwischen Mensch und Pferd. Und die soll möglichst pferdefreundlich sein.

Verständigung auf Pferdeart

Wenn Sie auf Ihrem Pferd sitzen, *fühlt* Ihr Pferd Ihre Signale hauptsächlich. Wenn Sie es am Boden arbeiten, ist das jedoch eine andere Sache. Es soll Ihre Signale

- in erster Linie *sehen* (Ihre Körpersprache und wie Sie Gerte oder Longierpeitsche halten und bewegen),
- in zweiter Linie *hören* (Ihre Stimmkommandos) und erst...
- in dritter Linie *fühlen* (durch Zupfen am Strick beim Halfter oder Aufnehmen von Longe oder Doppellonge beim Longieren).

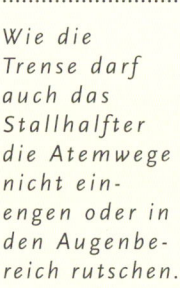
Wie die Trense darf auch das Stallhalfter die Atemwege nicht einengen oder in den Augenbereich rutschen.

Ganz einfach
zu merken ...

✚ Sehen – hören – fühlen ... am Boden legt diese Reihenfolge die Grundlage für pferdegerechtes Arbeiten. Sie
beugt der Versuchung vor, mal »härter« zuzupacken,
wenn etwas nicht klappt.

Natürlich fassen Sie Ihr Pferd auch regelmäßig an. Sie streicheln es, putzen es und so weiter. Aber es gibt noch andere
Berührungen. Und die erfolgen indirekt. Bei der Bodenarbeit
zupfen Sie an Strick oder Longe, die wiederum diesen Impuls
aufs Halfter übertragen. Wenn Sie die einfache oder Doppellonge aufnehmen, überträgt sich Ihre Handbewegung aufs
Trensengebiss. Oder Sie tippen Ihr Pferd mit der Gerte oder
Longierpeitsche an. Seltener berühren Sie es direkt mit der
bloßen Hand.
Berührungen empfindet Ihr Pferd als Druck oder Zug. Darauf
reagiert es auf zweierlei Art: Tippen Sie es bloß an oder drücken impulsartig gegen einen Körperteil, weicht es im Allgemeinen aus. Drücken oder ziehen Sie hingegen anhaltend,
stemmt es sich dagegen. Sie selbst reagieren genauso.
Machen Sie die Probe aufs Exempel. Bitten Sie einen Freund,
an Ihrer Hand zu ziehen. Instinktiv halten Sie mit aller Kraft
dagegen. Tippt er nur auf Ihre Schulter: »Warte mal!«, reagieren Sie anders. Williger: »Was möchtest du?« Ihr Pferd muss
also so ausgerüstet sein, dass Sie Ihre Signale leicht und
möglichst auch impulsartig übermitteln können.

Geeignete Halfter

Kein »Kleidungsstück« trägt Ihr Pferd häufiger als sein Halfter. Es ist *das* Basisausrüstungsteil. Und es muss ihm passen
wie ein gut eingelaufener Schuh, damit es sich darin wohl
fühlt. Bei allen Bodenarbeitsübungen ohne Trense benutzen
Sie ein Halfter aus Leder oder Synthetikband oder, falls Ihr
Pferd (zumindest im Augenblick noch) gern einmal aufmüpft,
zunächst ein Seilhalfter. Damit wirken Sie auf seinen Nasenrücken und – minimal – auf sein Genick ein. Breite, weiche
Riemen sind sanfter, schmale und härtere deutlicher spürbar.
Seilhalfter mit Knoten in Höhe der Jochbeine verstärken den
Druck. Beim Führen *muss* Ihr Pferd Ihre Signale auf dem
Nasenrücken wahrnehmen können. Wenn nicht, kann es nur
raten, was Sie von ihm wollen.

Was ist mit dem Kappzaum ...

Nun haben Sie schon so viel (und Wundersames ...) über den
Kappzaum gelesen. Vielleicht hängt sogar einer in Ihrem
Stallschrank. Grundsätzlich: Der Kappzaum *aus schwerem
Leder* ist der klassische Ausbildungszaum. Ihn verwendete
Reitmeister Antoine de Pluvinel (1555–1620, nach ihm wird er
auch Pluvinel-Zaum genannt). In den gepolsterten Nasen-
riemen ist ein Eisenbügel eingenäht; der Kehlriemen sitzt tief.
Vorausgesetzt, er passt genau auf die Nasenrundung des
Pferdes, wirkt er gezielt durch Druck aufs Nasenbein. In mit-
tig und an den Seiten angebrachten Ringe können Longe
oder Zügel eingeschnallt werden, so dass das Pferdemaul ge-
schont wird. Aber schon Reitmeister de la Guérinière sagte
über dieses klassische Erziehungsmittel: »...ich glaube, dass
es gefährlich ist, Reitschüler damit umgehen zu lassen.«
Können Sie mit dieser Empfehlung leben? Sie beginnen gerade Ihr neues Leben als »Bodenarbeiter«. Noch sind Sie
kein Profi. Lassen Sie den Kappzaum daher bitte noch eine
Weile im Schrank hängen. Sowohl den klassischen schweren
als auch die heute günstig angebotene leichte Synthetik-Vari-
ante (die kaum mehr als ein Halfter ist). Sie könnten doch zu
viel falsch damit machen und Ihrem Pferd schaden. Und genau dies möchten Sie doch vermeiden

Buntes Sammelsurium: Stricke und Longen gibt es in vielen Ausführungen!

Tipp

+ Wickeln Sie den Strick niemals um Ihre Hand, sondern tragen Sie beide Enden der Schlaufe *in* Ihrer Hand. So vermeiden Sie schwere Verletzungen, falls Ihr Pferd doch einmal unerwartet losstürmt.

... oder der Führkette?

Führketten blinken Ihnen in jedem Reitsportgeschäft entgegen. Korrekt eingeschnallt, verstärkt die Führkette bei Führübungen den Druck auf den Pferdekopf (bei der Longenarbeit wird sie generell *nicht* verwendet). Das Pferd spürt jeden Zug am Halfter also intensiver, aber sicher auch schmerzhafter. Bodenarbeit aber soll Ihnen beiden Spaß machen. Schmerz und Spaß schließen einander aus. Ist Ihr Pferd einigermaßen kooperativ, versuchen Sie es erst einmal mit Halfter. Die Übungen hier im Buch sind so aufgebaut, dass sie auch ohne starke Berührungsimpulse wirken.

Wenn Führkette, dann bitte richtig:

+ Fädeln Sie die Kette auf der linken Seite des Pferdekopfes in den linken unteren Halfterring ein.

+ Schlingen Sie sie einmal um das Nasenteil des Halfters und fädeln sie durch den rechten unteren Halfterring.

+ Ziehen Sie sie nach oben zum rechten oberen Ring und klinken Sie sie hier ein.

Stricke ... mehr als bestrickend

Der Strick »verbindet« Sie mit Ihrem Pferd. Er darf nicht zu leicht und muss griffig sein. Die Anschaffung eines langen hellen Strickes von ungefähr 2,40 m lohnt sich. Er ist vielseitig verwendbar und das Ende lässt sich prima zu einer großen Schlaufe legen.

Stricke gibt es aus Natur- oder Kunstfaser, in dickerer oder dünnerer Ausfertigung, mit Panik-, Drehpanik-, Karabiner- oder Feuerwehrhaken. Panikhaken öffnen sich bei starkem Zug, Drehpanikhaken erst bei Zug und Drehung. Karabiner und Feuerwehrhaken müssen Sie selbst aufklinken. Leider baumelt der gängige Panikhaken beim Führen störend hin und her. Drehpanikhaken sind leichter, können aber ausleiern. Da sich Karabiner und Feuerwehrhaken nicht selbst öffnen, kann sich ein Pferd damit sehr weh tun, wenn es in den Strick tritt. So hat jede Hakenvariante auch ihre Nachteile. Benutzen Sie erst einmal Ihren vorhandenen Strick samt Haken und schauen, wie Sie damit zurechtkommen.

Schutz für die Pferdebeine

»Bandagen oder Gamaschen ... bei der Bodenarbeit?« Vielleicht geistert auch in Ihrem Kopf das Vorurteil herum, Gliedmaßenschutz sei nur nötig bei sportlichem Reiten. Aber Pferdebein ist Pferdebein ... und das ist empfindlich,

Step by Step   Bandagen anlegen

+ Rollen Sie die Bandage erst einmal richtig auf. Das Ende mit dem Klettverschluss muss innen liegen.

+ Stellen Sie sich seitlich neben das zu bandagierende Bein. Ist Ihr Pferd ein Zappelphilipp, bitten Sie einen Helfer, das Gegenbein aufzuheben.

+ Legen Sie das Ende der Bandage so um die Mitte des Röhrbeins, dass Sie die Rolle von außen auf sich zu abrollen.

+ Wickeln Sie zwei Runden nach oben in Richtung Karpalgelenk. Dabei sollte jeweils 1 cm Bandagenrand zu sehen sein.

+ Wickeln Sie dann lagenweise leicht schräg hinunter zur Fessel. Ziehen Sie die Bandage so, dass sie den Fesselkopf mit zwei Lagen ein-

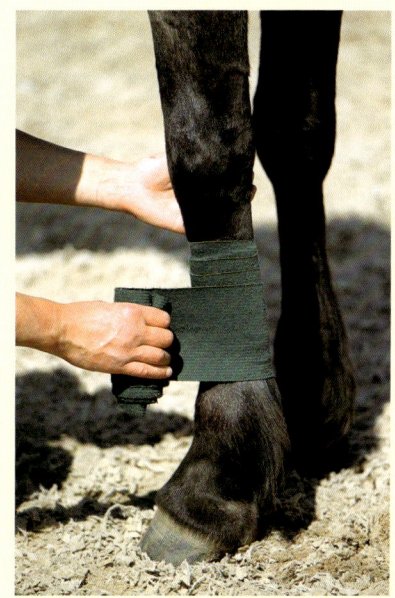

fasst, das Fesselgelenk vorn aber frei lässt.

+ Wickeln Sie wieder gerade aufwärts bis zur Mitte des Röhrbeins. Hier die Bandage verschließen.

+ Achten Sie auf festen Sitz, denn die Bandage darf sich bei der Arbeit nicht lösen. Zu stramm darf sie aber auch nicht sitzen, damit sie die Blutzirkulation nicht behindert.

+ Nehmen Sie nach der Arbeit als allererste Maßnahme die Bandagen ab, damit Sie es nie vergessen!

+ Halten Sie Bandagen und Gamaschen immer sauber, damit keine Schmutzpartikel die empfindliche Haut aufreiben.

besonders zwischen Karpalgelenk (dem »Knie« des Vorderbeins) beziehungsweise Sprunggelenk (am Hinterbein) und Hufrand. Verletzungen heilen langsam. Auch auf dem Platz, beim Führen oder beim Longieren kann sich Ihr Pferd aufschürfen, stoßen oder selbst treten.
Dem beugen Sie mit einer Arbeitsbandage oder Gamasche vor. Gamaschen gibt es aus Hightech-Gewebe in verschiedenen Größen. Durch die modernen Klettverschlüsse lassen sie sich leicht anlegen. Arbeitsbandagen gibt es aus elastischer Baumwolle oder Mischgewebe. Das Anlegen will gelernt sein – aber mit ein bisschen Übung klappt es.
Falls Ihr Pferd bislang noch keine Bandagen getragen hat, wundern Sie sich nicht, wenn es bei den ersten Schritten die Beine staksig anhebt. Das gibt sich nach wenigen Minuten.

So werden Sie zum Leittier!

Natürlich gibt es sie noch, die Steppen und Prärien, durch die Herden wilder Pferde ziehen. Ihr Pferd aber lebt in unserer modernen, von Menschen geprägten Welt. Will es hier überleben, braucht es Ihren Schutz. Diesen Schutz können Sie ihm nur geben, wenn es Sie respektiert und Ihnen vertraut. Wie seinem Leittier in der Herde. Dann wird auch der Umgang und jede Art von Sport mit ihm zur Freude. Das ist also zunächst Ihre wichtigste Aufgabe: zum Leittier zu werden!

Basisübung
Stillstehen

Jedes stabil gebaute Haus steht auf einem Fundament. Dieser Sockel gibt ihm Standfestigkeit, für viele Jahre, manchmal Jahrhunderte. Auch die Arbeit mit Pferden braucht einen stabilen »Unterbau« und beginnt am Boden. Und hier mit einer Übung, die so einfach, ja bedeutungslos erscheint, dass selbst viele gestandene und im Sattel höchst erfolgreiche Reiter sie meist gar nicht *wirklich* kennen, geschweige denn praktizieren. Dabei ist sie der Grundstein (nicht nur) der Bodenarbeit und kann der Beziehung zwischen Ihnen und Ihren Pferd eine völlig neue Richtung geben. Die Übung heißt: Stillstehen.

Die Sache mit dem ersten Schritt...

Egal, welche Aufgabe Sie in Angriff nehmen: Wollen Sie Erfolg haben, müssen Sie sie in einzelne – wohl durchdachte – Schritte aufgliedern. Und irgendwann den allerersten Schritt tun. Ohne ihn gelangen Sie nicht zum Ziel – auf ihm bauen die nächsten Schritte auf. Der erste Schritt zu einer gut funktionierenden Partnerschaft mit Ihrem Pferd besteht darin, die Rangfolge zwischen ihm und Ihnen zu klären. Und zwar zu Ihren Gunsten. Sie müssen sein Boss sein – ohne Wenn und ohne Aber. Natürlich müssen Sie auch ein kluger, freundlicher und immer fairer Boss sein. Ein Boss, der einfach nur das Sagen haben möchte, weil Boss zu sein sein Ego streichelt, ist kein wirklicher Boss. Er kann weder Menschen noch Pferde führen.

Ihr Pferd aber will geführt werden. Im wörtlichen wie übertragenen Sinne. Es ist ein Flucht- und Herdentier. Um in der Wildnis zu überleben, muss es in einer Gefahrensituation selbst blitzschnell reagieren oder einem klugen Leittier folgen. Nicht jedes Pferd ist erfahren genug, um die Leittierrolle selbst zu übernehmen. Das weiß es instinktiv und ist froh, wenn es sich einem souveränen Tier anvertrauen kann. Das es sicher durch die Gefahren seiner Umwelt »leitet«.

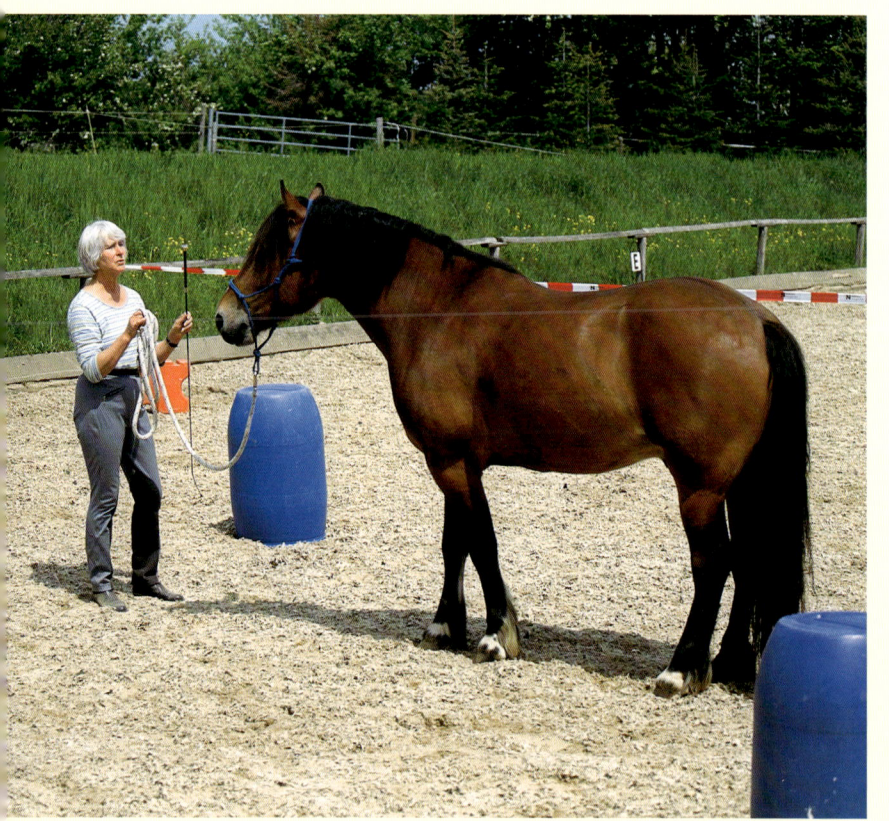

Die Stillsteh-Übung fordert vom Pferd Respekt, Aufmerksamkeit und Geduld.

Step by Step

- Ganz gleich, wie rüpelhaft sich Flicka, Amigo oder Fuji beim Führen noch benehmen: Ignorieren Sie das erst mal. Ziehen Sie ihm Halfter und Führstrick an und gehen Sie mit ihm an einen ruhigen, sicheren Platz.

- Stellen sich in eineinhalb bis zwei Meter Abstand (nicht näher – denken Sie an die Individualzone!) vor ihm auf.

- Stehen Sie aufrecht, aber entspannt und fühlen Sie sich *gut*. Sie sind der Boss. Ab sofort! Strahlen Sie diese Überzeugung aus. Und lassen Sie sich nicht irritieren, auch wenn Ihr Pferd zappelt und überall hin, nur nicht auf Sie schaut.

- Aber *jetzt* soll es aufpassen! Bringen Sie Spannung in Ihren Körper (Kopf hoch!). Heben Sie ruckartig die Hand mit dem Führstrick bis ungefähr in Höhe Ihrer Brust. Gleichzeitig lassen Sie auch die Hand mit der aufrecht stehenden Gerte hochzucken.

- In dem Moment, in dem Ihr Pferd auf Sie achtet, geben Sie das Kommando »Steh!« oder »Whoa!«.

- Macht Ihr Pferd einen Schritt auf Sie zu, schlenkern Sie mit dem Strick und stupsen Sie mit der Gerte gegen das »ungehorsame« Bein, damit es wieder zurückweicht.

- Steht es wieder in Ausgangsstellung, heben Sie erneut Hand und Gerte und sagen »Steh!« oder »Whoa!«

- Bleibt es auch nur zwei oder drei Sekunden lang ruhig und aufmerksam stehen, senken Sie Hand und Gerte. Loben Sie es mit einem sanften »Fein gemacht!« oder »Brav!« und beenden die Übung.

... und den drei W's

Auch in unserer moderne Umwelt lauern Gefahren. Viel grausamere als Höhlenlöwe und Säbelzahntiger. Sie können nicht nur Ihrem Pferd schaden, sondern Sie selbst und viele andere Menschen in Mitleidenschaft ziehen. Zum Beispiel dürfen Sie an einer Straßenkreuzung nicht erst mit Ihrem Pferd über die Führungsrolle in Ihrer Zweierbeziehung diskutieren Es muss gehorsam warten, bis der LKW vorüber ist und nicht eigensinnig (im wörtlichen Sinne) vorher noch schnell im Stechtrab den Asphalt überqueren. Sie müssen es überall und jederzeit, auch in kritischen Situationen, kontrollieren können. Es muss immer und überall **w**illig stehen bleiben, **w**arten oder Ihnen aus**w**eichen. Der Gehorsam muss stärker sein als Angst oder Aufregung, und zwar ohne Wenn und ohne Aber. Das sind – einfach ausgedrückt – die drei »W's«.

Das klappt in dem Augenblick, in dem es Sie als Leitpferd anerkennt. Seinem Leitpferd gehorcht es ausnahmslos. Und durchaus gern, weil es weiß, dass Gehorsam seine Überlebenschancen vergrößert. Den gleichen Gehorsam auch Ihnen gegenüber erreichen Sie beim Stillstehen.

Gut, Margret! Die Gerte tippt ans »ungehorsam« vortretende Bein und schickt Estrano an seinen Platz zurück.

Was tun, wenn...?

Obwohl Pferde gute »Steher« sind (sie können auf der Weide stundenlang stehend dösen), ist das Stillstehen als Lektion für viele Pferde anfangs sehr schwierig. Nicht, weil sie es nicht können, sondern weil sie den Menschen als gleichrangig oder untergeordnet ansehen und keinerlei Notwendigkeit sehen, stillzustehen, wenn er dies wünscht. Daher ist die Stillstehübung ja auch so wichtig, geradezu unverzichtbar. Verlangen Sie das Stillstehen daher anfangs nur wenige Sekunden. Beenden Sie die Übung mit einem Lob, bevor Ihr Pferd wieder zu zappeln beginnt (das erfordert ein gutes Auge und viel Einfühlungsvermögen!). Manchmal klappt es trotzdem nicht so recht. Das kann vielerlei Gründe haben (lesen Sie dazu auf Seite 41 »Von Feen, Zappelphilippen...«). Hier ein paar Tricks, wie die Übung gelingt.

- **Ihr Pferd ist unkonzentriert?**

Findet Ihr Pferd die Umgebung viel interessanter als Sie, machen Sie ihm klar: »Hier spielt die Musik!«. Statt mehrmals zaghaft zu zupfen, rucken Sie einmal spürbar am Strick,

schnalzen laut oder stampfen unerwartet mit dem Fuß auf die Erde. Sie sind sein Leitpferd und erwarten Respekt! Aber seien Sie sofort wieder sanft, sobald es Ihnen seine Aufmerksamkeit zuwendet. Ständige »grobere« Hilfen stumpfen ab.

- **Ihr Pferd turnt um Sie herum?**

Suchen Sie sich eine Stelle zum Üben, bei der es wenigstens nach einer Seite hin nicht ausweichen kann: parallel zur Stallwand oder in der Stallgasse. Vielleicht findet sich auch ein beidseitig eingezäunter Weg. Loben Sie jeden Ansatz zum Ruhigstehen, denn Hampelmänner sind oft nervige Pferde und reagieren hektisch, wenn sie überfordert werden. Tritt es vor oder zurück, so korrigieren Sie es ohne Kommentar und stellen es an seinen Platz zurück. Manchmal hilft es auch, nach mehreren Fehlversuchen (das gilt auch später besonders beim Aufsteigen) noch einmal loszugehen und einen Bogen zu schlagen. Dann geben Sie nochmals das Kommando »Steh«.

- **Ihr Pferd versucht, Sie umzurennen?**

Ihr vierbeiniger Freund fühlt sich als Boss, denn ohne zu zögern dringt er in Ihre Individualzone ein. Offenbar findet es vollkommen überflüssig, dass Sie versuchen, bei dem neuen Spiel die Rollen zu vertauschen. Auch wenn Ihnen jetzt das Herz blutet (weil Sie ja immer Streicheleinheiten ohne Ende verschenken wollen): Halten Sie Ihr dominantes Pferd auf Abstand. Heute, morgen, wenn es sein muss, einige Wochen lang. Bis die Rangordnung geklärt ist. Es muss lernen, Ihre Individualzone zu achten und darf sich erst auf Einladung nähern. Jetzt sind Ihre Ausdauer und Konsequenz gefragt. Und Ihr Mut, auch einmal die Gerte einzusetzen und dem Rüpel *einen* spürbaren Schlag gegen die Brust zu verabreichen (nicht mehrfach sachte klapsen!).

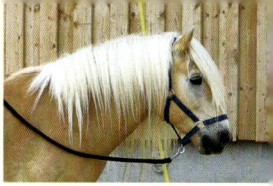

Erst
Respekt
schafft Freundschaft

Respekt .... Vertrauen ... Freundschaft! Vielleicht wundert es Sie, dass Sie bei der Bodenarbeit Ihre Ziele in dieser Reihenfolge anstreben. »Muss nicht«, fragen Sie sich zweifelnd, »zunächst Vertrauen da sein?« oder »Reicht es nicht, wenn ich mein Pferd liebe?«. Tausende geliebter Pferde entwickeln sich nach einiger Zeit zu Problempferden, weil der Respekt fehlt. Natürlich ist die Liebe zum Pferd die Grundlage der Horsemanship-Philosophie. Aber keine Angst vorm Menschen zu haben ist nicht gleichbedeutend mit Vertrauen. Als Herdentier muss das Pferd respektieren, um überhaupt vertrauen zu können.

Super! Margret kann Estrano stillstehen lassen, während ihre Freunde vorbeigehen!

Der Begriff Respekt stammt aus dem Lateinischen, bedeutet wörtlich »Rück-Sicht« und im übertragenen Sinne Achtung und Ehrerbietung. Sie sollen Ihr Pferd nicht dominieren, sondern sich seine Achtung verdienen: Indem Sie ihm auf

Tipp

+ Ganz gleich, wie, wo und was Sie wann mit Ihrem Pferd tun: Ein Nein muss immer ein Nein bleiben und darf niemals zu einem »Na ja, heute ausnahmsweise ...« aufgeweicht werden. Genau diese Konsequenz bestätigt Ihrem Pferd, dass es sich auf Sie verlassen kann!

Tipp

+ Achtung erwerben Sie auch, wenn Sie *höflich* zu Ihrem Pferd sind. Bringen Sie ihm bei der Arbeit die gleiche Aufmerksamkeit entgegen, die Sie auch von ihm erwarten. Schalten Sie das Handy aus. Lassen Sie sich nicht vom Geschehen rundum ablenken. Quatschen Sie nicht mit Ihren Stallkollegen oder Reiterfreunden, während Sie eine Übung durchführen. Das können Sie später tun, während Sie Ihrem Pferd (und sich) eine Pause gönnen.

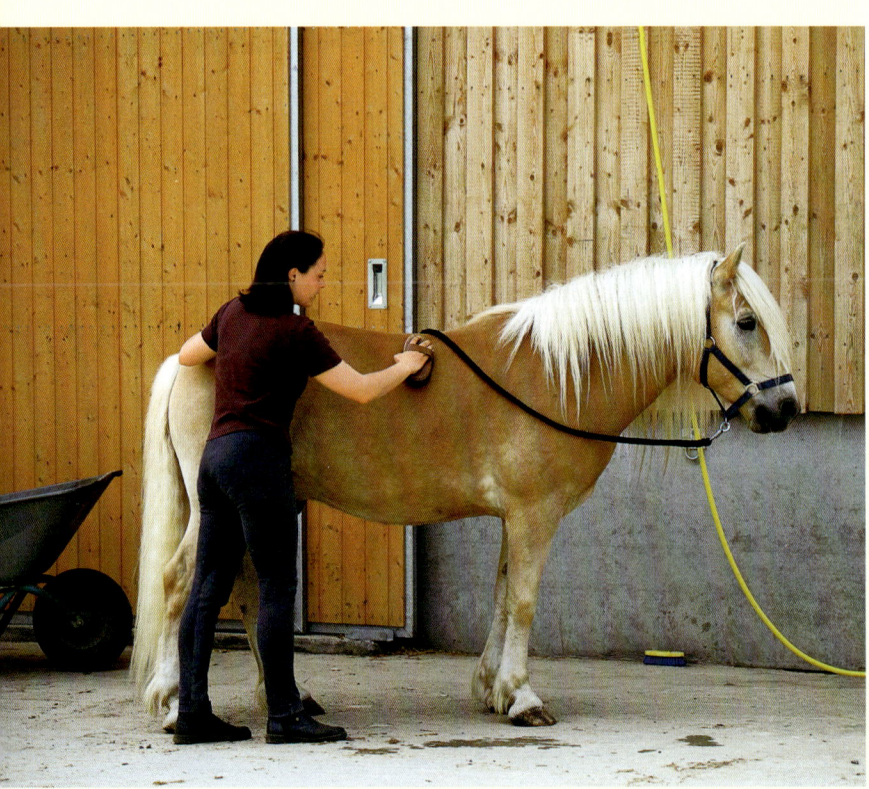

pferdegemäße Weise begreiflich machen, dass Sie stets zu seinem Wohl handeln. Dass das, was Sie von ihm fordern, ihm keine Schmerzen bereitet. Dass Ihre Nähe Sicherheit, Schutz, Geborgenheit, Unversehrtheit bedeutet. Dass Sie fair, gerecht und vor allem absolut konsequent sind.

Konsequenz ist ein »Muss«

Konsequenz ist unverzichtbar, wenn Sie sich das Vertrauen Ihres Pferdes erarbeiten möchten. Ein Leitpferd ist absolut konsequent. Es fordert stets Respekt. Dafür ist es ausnahmslos zum Wohle der Herde »tätig«. Ein Pferd kann eine Zurechtweisung durchaus verstehen und – ohne Ihnen zu grollen – hinnehmen, wenn sie auch zu Recht erfolgt. In der Herde muss es auch eine Zurechtweisung – sei es ein Wegtreiben, einen Biss oder einen Tritt des Leitpferdes – akzeptieren, wenn es sich ungebührlich benommen hat. Es ist seinem Leitpferd deswegen nicht »böse«. Im Gegenteil: Das Verhalten des Leitpferdes bestätigt ihm, dass auf sein Urteil absolut Verlass ist. Sich verlassen können heißt im Pferdeleben: größere Überlebenschancen haben!
Vermenschlichen Sie daher Ihr Pferd nicht. Verwechseln Sie Respekt nicht mit dem negativ behafteten Dominanz = Beherrschen. Und schreien Sie nicht entsetzt auf, wenn – wie oben – empfohlen wird, die Gerte einmal spürbar einzusetzen. Damit das Pferd »aufwacht«. Ein respektloses Pferd stellt eine große Gefahr dar – für sich selbst ebenso wie für seine Umwelt. Respektlosigkeit würde ein Leitpferd *niemals* dulden. Sie stellt das Überleben der gesamten Herde in Frage. Tun Sie es auch nicht, wenn Sie auf lange Sicht sicher mit Ihrem Pferd umgehen wollen.

....

So soll es sein: Mavi steht auch unangebunden mucksmäuschenstill und lässt sich von Kathrin verschönern.

....

Von Feen, Zappel- philippen, Machos und Gentlemen

Stöbern Sie manchmal im Buchladen in den Ratgebern, die sich mit Selbstfindung, Persönlichkeitsentwicklung oder Charakter-Beurteilung beschäftigen? Schon Hippokrates unterschied vier Temperamentstypen: Heiter und lebhaft sei der Sanguiniker. Der Choleriker neige zu starken »Affekten« und wechselhaften Gefühlen. Als trübsinnig und schwermütig beschreibt er den Melancholiker und als träge und schwerfällig den Phlegmatiker. Moderne Psychologen wie Riemann teilen uns in Hysteriker, Schizoide, Depressive und Zwanghafte ein – Begriffe, die uns beim ersten Lesen nicht gerade in Begeisterungstaumel ausbrechen lassen. Doch niemand gehört eindeutig einem Typus an – weder bei den alten Griechen noch den modernen Analytikern. Wir alle sind Mixturen aus den unterschiedlichsten Persönlichkeits-merkmalen – auch Sie –, geformt nicht nur von den Genen, sondern auch durch unsere Erfahrungen.

Auch über Pferde haben sich Verhaltensforscher und Trainer schon seitenlang und (manchmal...) mit durchaus viel Fach-verstand ausgelassen. Und auch kein Pferd gleicht dem an-deren. Wer steht vor Ihnen? Eine vierbeinige Prinzessin auf der Erbse, die schon »Huch« sagt, wenn ein Vitamin-Brikett versehentlich zu Boden fällt.... oder eine gute Fee, die auch Ihre gröbsten Schnitzer mit Sanftmut verzeiht? Ein Zappelphilipp, der Sie mit seiner Hampelei gelegentlich zur Weißglut bringt? Oder müssen Sie sich gegen einen Macho durchsetzen... mit gewölbtem Kragen, Kulleraugen und Feuer schnaubend? Vielleicht aber haben Sie auch das ganz große Glück und Ihr Pferd ist ein wahrer Gentleman, der die feinen Manieren mit der Stutenmilch aufgesogen hat und gelassen und humorvoll Ihren Reitalltag ver-schönt...

Bleiben Sie ausdauernd und üben Sie immer wieder. Freund-lich, aber konsequent. Nur werden Sie weder laut noch jäh-zornig dabei. Und rechnen Sie damit, dass ein selbstbewuss-tes, in der Herde ranghohes Pferd gelegentlich »austesten« will (und wird!), wie konsequent Sie auf Ihrer Leitpferderolle bestehen. Das Positive daran: Wenn ein solch dominantes Pferd Sie wirklich respektiert, haben Sie das, was man als Traumpferd umschreibt. Und einen Freund fürs Leben!

Noch ein bisschen Praxis

Zurück zur Stillstehübung. Sie ist die wichtigste überhaupt (lesen Sie dazu auch den Klappentext »SOS Bodenarbeit«), denn sie packt die unterschiedlichsten Probleme an der Wur-zel an. Tatsächlich lösen sich viele Schwierigkeiten in Luft auf, sobald Ihr Pferd Sie am Boden respektiert. Sie ist auch der Schlüssel zu der von den meisten Reitern heiß ersehnten Ge-lassenheit! Üben Sie daher täglich – in Stall und Hof und auf der Straße ebenso wie beim Reiten in Bahn und Gelände. Üben Sie auch in unruhiger Umgebung, wenn andere Pferde an Ihnen vorbeigehen und sich von Ihnen fortbewegen. Viel-leicht gelingt sie anfangs nicht so perfekt. Bleiben Sie freund-lich und akzeptieren Sie, dass Ihr Pferd zwischen der Achtung Ihnen gegenüber und dem Herdentrieb schwankt. Beenden Sie dann die Übung, *bevor* Ihr Pferd unruhig wird. Aber blei-ben Sie am Ball. Es lohnt sich!

Wer führen kann, gewinnt Vertrauen

»Führungskraft gesucht!« Setzen wir einmal voraus,
Sie verfügen über das notwendige Fachwissen – würden Sie sich auf diese
Anzeige hin bewerben? Sicherlich nur, wenn Sie auch überzeugt sind,
andere Menschen »führen« zu können. Führungsqualität ist nicht
jedem angeboren. Aber auch wenn Sie im Berufsleben ungern
Boss sein möchten – Ihr Pferd müssen Sie, im wörtlichen
wie im übertragenen Sinne, führen können. Und mit dem
richtigen Knowhow und Ausdauer beim Üben werden Sie genau die
»Führungskraft«, die Ihr Pferd sich wünscht, um sich zu
einem fleißigen »Mitarbeiter« entwickeln zu können.

Führübungen –
vorwärts, rückwärts, seitwärts marsch

Haben Sie mal darüber nachgedacht, was Sie am häufigsten mit Ihrem Pferd tun? Nein, weder putzen noch reiten... Sie *führen* es. Aus dem Stall, von der Weide, zum Putzplatz, in die Reithalle, unterwegs im Gelände. Klappt das Führen immer reibungslos? Oder drängelt sich Ihr Freund vor, überholt Sie, reißt den Kopf herunter, um nach ein paar Halmen zu haschen. Oder lässt sich zerren? Und was tun Sie dann? Sie schimpfen, zerren selbst am Strick oder hechten angstvoll hinter ihm her. Als erfolgreich würden Sie diesen Teil Ihres Reitalltags sehr wahrscheinlich nicht beschreiben...

Was Sie erreichen wollen

Nach und neben dem Stillstehen ist das Führen daher der nächstwichtige Schritt bei der Bodenarbeit. *Richtig* führen Sie Ihr Pferd, wenn es auf ein kurzes Signal hin

- am durchhängenden Strick sowohl rechts als auch links in respektvollem Abstand und gelassen neben und hinter Ihnen läuft und sich dabei *Ihrem* Tempo anpasst,
- nach allen Seiten hin wendet und Ihnen dabei »höflich« ausweicht,
- vertrauensvoll rückwärts richtet, wo immer Sie dies fordern,
- in jedem Umfeld gelassen (auch über einen längeren Zeitraum) stehen bleibt – im Idealfall unangebunden.

Das liest sich leicht. In der Praxis müssen Sie dafür eine Weile üben und vor allem konsequent darauf achten, dass Sie die Übungen *präzise* ausführen. Ihr Pferd passt nämlich genau auf, ob es Sie nicht doch gelegentlich mal beschummeln kann. Reagieren Sie dann nicht sofort mit einer kleinen Korrektur, könnte es – als selbstbewusster Zeitgenosse – versuchen, die frühere Rangordnung (»Ich Pferd, ich Boss!«) wieder herzustellen.

Aus diesem Grund eine große Bitte: Schludern Sie nicht beim Führen, weil Sie möglichst bald die Arbeit mit der Longe in Angriff nehmen oder Ihr Pferd vom Boden aus fahren wollen (was sich viel spannender anhört...). Longen und Leinen sind

Sieht schon sehr gelassen aus – Dennoch sollte Kathrin darauf achten, dass Safirs Nase nicht vor ihre Schulter gerät!

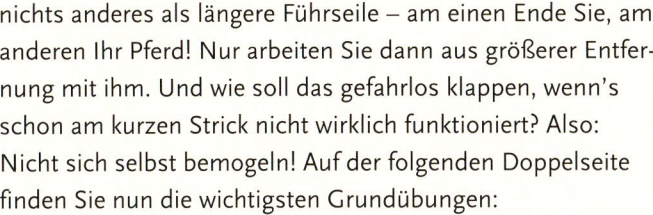

1 Auch das gelingt perfekt: Kathrin richtet Mavi rückwärts.

2 Jetzt müsste Kathrin Mavi kurz antreiben statt ihn zu ziehen!

3 Richtig! Kathrins Körper signalisiert Mavi, dass er abwenden soll.

4 Kathrin macht Mavi klar, dass seine Nase nicht vor ihre Schulter kommen darf.

nichts anderes als längere Führseile – am einen Ende Sie, am anderen Ihr Pferd! Nur arbeiten Sie dann aus größerer Entfernung mit ihm. Und wie soll das gefahrlos klappen, wenn's schon am kurzen Strick nicht wirklich funktioniert? Also: Nicht sich selbst bemogeln! Auf der folgenden Doppelseite finden Sie nun die wichtigsten Grundübungen:

Die Grundübungen

Formen Sie das Ende des Führstricks zu einer großen Schlinge und nehmen beide Enden in die Hand. Schlenkern Sie am Strick, damit Ihr Pferd Abstand hält. Lassen Sie es anfangs hinter sich herlaufen. Schauen Sie sich dabei nicht

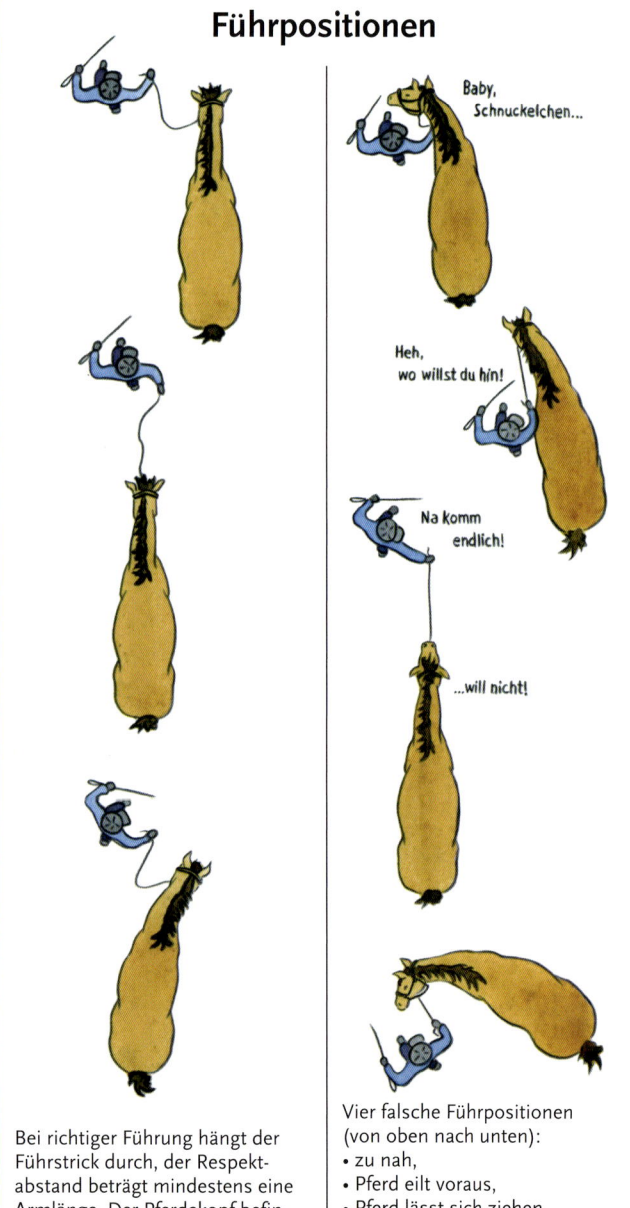

Führpositionen

Baby, Schnuckelchen...

Heh, wo willst du hin!

Na komm endlich!

...will nicht!

Bei richtiger Führung hängt der Führstrick durch, der Respektabstand beträgt mindestens eine Armlänge. Der Pferdekopf befindet sich nie vor der Schulter des Führers. Wendungen erfolgen immer nach rechts.

Vier falsche Führpositionen (von oben nach unten):
• zu nah,
• Pferd eilt voraus,
• Pferd lässt sich ziehen,
• Pferd kreiselt bei der Linkswendung in einer Volte um die Führperson.

nach ihm um (das tut ein Leitpferd nie!) Klappt das, darf es neben Ihnen gehen – seine Nase sollte aber niemals deutlich vor Ihre Schulter geraten. Will es nach vorn kommen, lassen Sie die Schlinge gegen seine Brust hüpfen. Erst wenn es droht, Sie zu überholen, zeigen Sie ihm mit der linken Hand die Gerte.

Antreten

Stehen Sie links – mit Blick nach vorn – neben der Pferdeschulter. Strecken Sie die Hand mit dem Strick nach vorn aus und zupfen. Schnalzen Sie mit der Zunge (das wird künftig Ihr Stimmkommando zu jeder Art des Antreibens). Tritt Ihr Pferd nicht an, schnalzen und zupfen Sie nochmals, aber deutlicher. Gehorcht es wieder nicht, wiederholen Sie die Kommandos ein drittes Mal und klapsen zusätzlich (mit der linken Hand nach hinten!) schnell auf seine Flanke (am besten erst mal »trocken« üben).

Rechnen Sie damit, dass Ihr Pferd erschrocken nach vorn springt! Erfahrungsgemäß genügen zwei Antret-Übungen, bei denen Sie klapsen müssen – danach hat Ihr Pferd die Lektion verstanden. Loben Sie es für die gewünschte Reaktion »Brav!«.

Anhalten

Geben Sie Ihr Stimmkommando (Halt, Steh, Whoa – bitte künftig immer dasselbe), nehmen den Strick kurz an, heben den linken Arm an und halten die Gerte schräg vor den Pferdekopf.

Reagiert es nicht, wiederholen Sie die Kommandos und tippen mit der Gerte leicht auf die Pferdenase. Ihr Pferd soll nicht seitlich ausbrechen, sondern in Bewegungsrichtung stehen bleiben. Klappt es immer noch nicht, springen Sie vor

....

Führpositionen – richtig und falsch

....

Ihr Pferd (statt fester zuzuklappen). Es wird reflexartig stoppen! Machen Sie es wie immer: Loben nicht vergessen!

Wenden

Vorab: Wenn Sie Ihr Pferd von links führen, wenden Sie es zunächst möglichst immer nach rechts ab. Als Leitpferd veranlassen Sie es damit, Ihnen auszuweichen, sich also in die rangniedrigere Rolle zu begeben. Lassen Sie es nämlich in einer Volte nach links um sich herumlaufen, müssen Sie ihm ausweichen und demonstrieren damit Ihre Unterlegenheit. So geht's:
Reduzieren Sie das Tempo (anfangs dürfen Sie Ihr Pferd auch anhalten). Zupfen Sie am Führstrick, um es auf die Richtungsänderung aufmerksam zu machen. Gleichzeitig weisen Sie ihm mit Ihrem ganzen Körper den Weg in die Wendung nach rechts und heben den linken Arm mit der Gerte (etwa auf seine Augenhöhe). So kann es Ihnen mit Kopf und Körper ausweichen.
Stupsen Sie es notfalls an der linken Halsseite an, aber ziehen Sie es niemals herum.

Rückwärtsrichten

Stellen Sie sich in Halshöhe links neben Ihr Pferd mit Blickrichtung auf die Hinterhand. Nehmen Sie den Führstrick in die linke Hand und fassen ihn (anfangs) kurz. Geben Sie das Kommando »Zurück« (oder »Back up«) und wirken Sie gleichzeitig mit dem Strick rückwärts ein. Ebenfalls gleichzeitig drücken Sie mit Hand oder Gertenknauf gegen sein Buggelenk (dort bitte verharren).
Tritt es rückwärts (ein Tritt reicht bereits), lassen Sie den Strick locker und nehmen Hand oder Gertenknauf fort. Loben Sie es, damit es weiß, dass es richtig reagiert hat. Wiederholen Sie notfalls die Hilfe und verstärken den Druck. Reicht das nicht, klopfen Sie mit dem Gertenknauf einmal spürbar gegen das Buggelenk, aber hören Sie sofort auf, sobald es gehorcht.

Begnügen Sie sich ruhig erst mit einem Tritt und fordern erst allmählich bis zu maximal fünf Tritten. Aber verlangen Sie bitte niemals mehr, denn Ihr Pferd soll das Rückwärtsrichten als eine Übung empfinden, bei der es erfährt, dass es Ihnen vertrauen kann, auch wenn Sie es in eine Richtung schicken, die es nicht überschauen kann. Zu energisches oder ausgedehntes Rückwärtsrichten ist für das Pferd eine Strafe und kann es – je nach Charakter und Temperament – entweder sehr verunsichern, erregen oder gar Widersetzlichkeit herausfordern. Daher ist bei dieser Übung viel Feingefühl angebracht!

Tipps

+ Üben Sie entlang einer Begrenzung (Hecke, Zaun, Wand). Dann kann Ihr Pferd nicht zur Seite ausbrechen.

+ Lassen Sie den Führstrick stets etwas durchhängen und halten Ihren Arm zum Pferd hin leicht ausgestreckt, schlenkern also nicht lässig damit hin und her.

+ Fuchteln Sie nicht mit der Gerte herum.

+ Lassen Sie *immer* Ihr Pferd zuerst antreten und laufen Sie nicht selbst als Erster los. Ist Ihr Pferd sehr schwierig, verzichten Sie auf die Gertenhilfe und bitten einen Helfer, es notfalls mit einer Longierpeitsche kurz anzutippen.

+ Passen Sie anfangs Ihr Tempo Ihrem Pferd an und verlangen Sie kein Schneckentempo, wenn es gehorsam und fleißig mitarbeitet.

Der ganze Stall als Übungsplatz

Das Wunderbare an Führ- und Stillstehübungen: Sie können buchstäblich überall trainieren! Denn Ihr Pferd »halten« Sie ja sowieso am Führstrick. Und im Laufe Ihres gemeinsamen Lebens werden Sie es an den unterschiedlichsten Orten führen (müssen): beim Gang zu einer neuen Weide, auf einem Wanderritt oder dem gemeinsamen Urlaub auf einem fremden Reiterhof, bei einer Wettkampfveranstaltung (zum Beispiel einer Gelassenheitsprüfung)… Auch ein Notfall kann auftreten: Ihr Pferd muss in eine Tierklinik! Gut, wenn es dann trotz aller Aufregung am Strick leicht handhabbar bleibt.

Beziehen Sie daher nach und nach Ihre ganze Reitanlage in Ihre Übungen ein – vom Minispaziergang zwischen fremden Boxen oder die Stallgasse auf und ab bis zu größeren Runden in Bereiche, die Sie mit Ihrem Pferd sonst eher selten besuchen. Sehen Sie Stall und Hof einmal nicht durch die Filterbrille der täglichen Gewohnheit, sondern aus dem Blickwinkel Ihres Pferdes. Kennt es die Scheune? Den Maschinenpark oder den Misthaufen, Müllcontainer und Parkplatz?

Steigern Sie die Anforderungen ganz allmählich. Nähern Sie sich fremden erschreckenden Dingen zunächst nur auf Sichtweite und lassen Ihr Pferd dort eine Weile stillstehen, ehe Sie es zurückführen. Eine kurze *gut gelungene* Führübung, bei der es sich voll und ganz auf Sie konzentriert, hat mehr Wert als ein langer Gang, auf dem es sich immer wieder ablenken lässt oder Sie Mühe haben, es zu kontrollieren.

Versuchen Sie auch bei Schwierigkeiten stets, Ihr Gesicht zu wahren und mogeln Sie ein wenig, um nicht kämpfen und den Kampf verlieren zu müssen. Gehen Sie schneller, wenn es zu eilen beginnt. Wenden Sie ab, wenn Sie merken, es könnte einem Hindernis ausweichen wollen. So bleiben Sie Leitpferd!

....

Mavi braucht keine Angst zu haben. Führ- und Stillstehübungen schaffen Vertrauen

....

Den Gang zum Parkplatz bewältigt Mavi schon ganz cool.

....

Je besser die Verständigung, desto länger der Strick

Im Laufe der Zeit wird das Führen immer besser klappen. Ihr Pferd hat sich auf Sie und Ihre Signale eingestimmt und braucht nicht unbedingt »festgehalten« zu werden. Wie ein Fohlen, das nach und nach größere Kreise um seine Mutter zieht, können auch Sie die Nabelschnur, sprich den Führstrick, allmählich länger lassen.

Das gelingt Ihnen, indem Sie die Position *Ihres* Körpers auf bestimmte Punkte *seines* Körpers ausrichten. Diese Bereiche sind regelrechte »Knack- und Schlüsselpunkte« und spielen in der Verständigung unter Pferden eine ganz wichtige Rolle. Erstaunlicherweise ist das vielen Pferdeleuten gar nicht bekannt (… und daher klappt es auch oft nicht so recht mit dem Longieren, da der Körpersprachler Pferd sehr verunsichert wird). Tatsache aber ist: Wenn Sie diese Punkte kennen, können Sie – auch als Nichtreiter – *jedes* Pferd, auch ein Wildpferd oder ungerittenes Jungpferd, verlangsamen oder anhalten, vorwärts treiben, sogar seitwärts weichen lassen oder wenden. Oder einfach seine Arbeit neutral beobachten und bewusst gar keinen Einfluss nehmen. Ihr Pferd versteht Sie ohne Worte, denn Sie sprechen jetzt in *seiner* Sprache, die seit Jahrmillionen im Kopf des Pferdes verankert ist. Studieren Sie daher gleich jetzt die Einzelklappe hinten in diesem Buch…

Probieren Sie eine erste Übung

Benutzen Sie statt des üblichen Führstricks einen längeren (oder langen). Nehmen Sie ihn in großen Schlingen auf, so dass er zunächst so lang ist wie Ihr normaler Strick. Lassen Sie Ihr Pferd stillstehen und stellen Sie sich selbst in der neutralen Position (siehe Klappe) mit Körper und Gesicht zur *Sattellage* auf. Der Strick hängt leicht durch, die Gerte in der rechten Hand weist nach unten. Solange Sie nichts tun, wird auch Ihr Pferd nicht reagieren. Jetzt lassen Sie den Strick län-

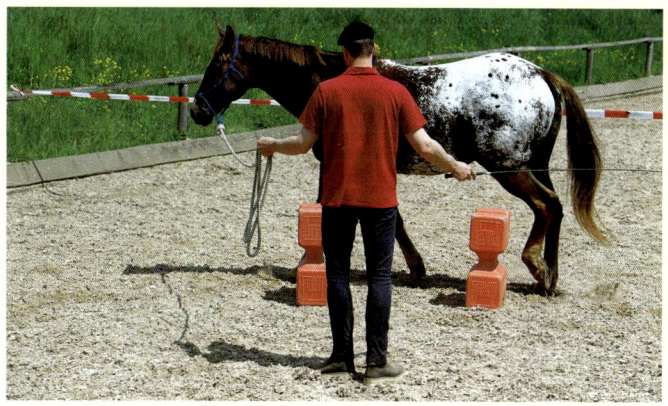

Toll, wie Henning Midi am langen Führstrick durch die Gasse aus Kanistern schickt. Nur seine Handschuhe hat er vergessen!

ger, treten etwas seitlich nach hinten zurück (mit Körper und Gesicht schräg nach vorn zum Pferd) und weisen mit der Gerte auf die *Kruppe* des Pferdes. Gleichzeitig schnalzen Sie mit der Zunge. Damit treiben oder schicken Sie es vorwärts. Es tritt an und geht im Kreis um Sie herum. Möchten Sie es verlangsamen oder anhalten, wechseln Sie die Gerte hinter Ihrem Körper in die linke Hand, treten von schräg vorn (wieder mit Körper und Gesicht zum Pferd) auf es zu und begrenzen mit der Gerte in Richtung *Bug und Schulter* seinen Weg nach vorn. Dazu sagen Sie »Halt«, »Steh« oder »Whoa«! So können Sie es auf einem kleinen Zirkel um Sie herumlaufen lassen, sein Tempo verstärken oder verlangsamen und anhalten. Rückwärts richten Sie es, wenn Sie nach dem Anhalten aus der gleichen verwahrenden Position die Gerte langsam (nicht wedelnd) vor seinem Kopf auf und nieder bewegen und das Kommando »Zurück« geben. Zwei, drei Tritte reichen. Dann senken Sie die Gerte und es bleibt stehen. Sie können auch ein paar Kunststoffkanister auf leicht gebogener Linie aufstellen und Ihr Pferd vor und dahinter entlang »schicken«. Bringt Spaß, nicht wahr? Übrigens – wissen Sie, was gerade geschehen ist? Sie und Ihr Pferd haben Ihre erste Longenübung bewältigt. Und zwar ganz bravourös!

Locker
laufen an der
Longe

»Durch die Longenarbeit kann ich ein Pferd dazu bringen,
wozu ich will – und es ist nicht von Nöthen, dass ich den Leib,
die Schenkel oder die Füße plage, sondern ist genug,
dass ich sein Gemüt übe.« Was für ein großartiger Satz!
Ein Satz, den einer der größten Reitmeister aller Zeiten sagte:
Antoine de Pluvinel. Die Longenarbeit steht nun auch
auf Ihrem Bodenarbeitsprogramm. Das heißt: Sie arbeiten mit
Ihrem vierbeinigen Freund jetzt auch aus größerer Entfernung.
Und das wird nicht nur »sein (und Ihr) Gemüt üben«,
sondern Ihnen beiden auch viel Freude machen!

Die Longe als langes Führseil

Eigentlich sieht es ja höchst einfach aus: Man stellt sich in die Mitte der Bahn und lässt das Pferd an der Longe um sich herumkreiseln. Irgendwann – nach allerlei aufregenden Geschehnissen (das Pferd bleibt verständnislos stehen und marschiert gar nicht erst auf die Zirkellinie oder aber es rast, wie vom Teufel gejagt, um einen herum, so dass einem schrecklich schwindelig wird. Oder – noch schlimmer oder zumindest peinlicher, wenn Zuschauer in der Nähe sind: Es saust schnurstracks Richtung Hallenausgang.... und man selbst auf dem Bauch mit der Longe tapfer in der Hand über den Hallenboden hinterher...) – klappt's dann irgendwie. Das Pferd geht einigermaßen willig (zumindest die Peinlichkeiten bleiben einem erspart). Aber genau das ist das Fatale daran: »Irgendwie« sagt auch aus, dass es nach wie vor bloß ein recht sinnloses Rundherumlaufen ist. Eine Menge Reiter weiß bis heute nicht, wie man es *richtig* macht. Richtig heißt: So, dass Sie und Ihr Pferd noch besser aufeinander eingestimmt werden und einen Nutzen daraus ziehen. Freuen Sie sich auf die Longenarbeit – und haben Sie keine

Ein gelungener Anfang: Kathrin mit Safir gewöhnen sich an die Longenarbeit.

Ganz einfach
zu merken ...

+ Anfangs arbeiten Sie nur mit Halfter und Longe (oder langem Longenseil) – ohne Trense und Ausbindezügel, ohne Longiergurt oder Sattel. Nur mit Halfter und ohne sonstige Ausrüstung dient die Arbeit an der Longe der Schulung von Bewegung und Gehorsam.

Angst davor! Mit dem, was Sie und Ihr Pferd bereits können, haben Sie eine solide Grundlage geschaffen. Die Stillsteh- und Führübungen »sitzen«. Sie selbst sind ziemlich fit in der körperbetonten Pferdesprache. Und Sie haben schon gemerkt, dass Sie den Strick durchaus länger lassen können, ohne dass Ihre Einwirkung aufs Pferd verloren geht. Denn was ist die Longe wirklich? Nichts erschreckend Neues – sie ist einfach eine längere Verbindung zwischen Ihnen und dem Pferdekopf. Die Vokabel kommt übrigens aus dem Französischen und heißt dort auch nichts weiter als Leine oder Halfterriemen.

Was geschieht beim Longieren?

An der Longe bewegen Sie Ihr Pferd auf der Kreislinie. Dadurch wird sein Körper sanft gedehnt und geschmeidiger gemacht (Voraussetzung ist natürlich, dass Sie es gleichmäßig auf beiden Händen, also mal rechts, mal links herum arbeiten). Das ist wie Gymnastik fürs Pferd und zählt daher auch zum »Gymnastizieren«. Gleichzeitig lernt es, ruhig und locker und schön im Takt zu laufen – im Schritt, Trab und Galopp.

Und ebenso wie beim Führen festigen Sie seinen Gehorsam. Zunächst müssen Sie sicher noch klare und deutliche, vor allem körpersprachliche Kommandos geben. Aber je häufiger Sie üben, desto aufmerksamer wird Ihr Pferd, so dass Ihre Hilfen immer feiner werden (sofern Sie selbst ebenso konzentriert bleiben!). Anfangs trägt Ihr Pferd bloß ein Halfter, später arbeiten Sie regelmäßig auch mit Trense und Ausbindezügel. Warum, lesen Sie weiter hinten in diesem Kapitel.

Noch marschiert Safir wie ein Hans-guck-in-die-Luft und Kathrin muss erst seine Aufmerksamkeit einfordern.

Ein Zaun schafft Sicherheit

Aber erst einmal geht's um die Frage: Wo longiere ich überhaupt? Denn eines sollten Sie besser nicht: sich mit einem unerfahrenen Pferd gleich auf die freie Wiese wagen. Sicherheit geht über alles! Sie brauchen – zumindest anfangs – einen geeigneten Longierplatz. Ideal ist ein stabil eingezäunter Ring mit einem Durchmesser von 12 bis 16 Metern mit trockenem, gut drainiertem und federndem Bodenbelag. Sie wissen nicht, wie Ihr Pferd reagiert. Sollte es heftig werden, darf es auf keinen Fall ausgleiten und stürzen. Tiefer ebenso wie harter Boden, aber auch eine an und für sich schön ebene, aber leider regennasse Wiese sind ungeeignet. Eine große Halle oder einen Außenplatz sollten Sie durch Sprungständer und Stangen und/oder rot-weißes Bauband halbieren. Notfalls können Sie auch aus Strohballen eine Einfriedung bauen. In dem kleineren Karree kommt ein besonders gewitzter Schlingel nicht so schnell in die Versuchung, die Longenstunde vorzeitig zu beenden und Richtung Tor zu streben ...

Gewusst wie: die richtigen Hilfen

Die richtige Hilfengebung haben Sie ja im Ansatz am langen Führstrick kennen gelernt. Sie wissen auch, welche Knack- und Schlüsselpunkte Sie anvisieren müssen, um Richtung, Gangart und Tempo zu kontrollieren. Generell gilt: Beim Longieren verständigen Sie sich mit Ihrem Pferd mit Hilfe
- der Longe,
- der Longierpeitsche,
- Ihrer Stimme sowie über
- Ihren Körper (je nachdem, welche Körperhaltung Sie einnehmen und – anfangs – in welcher Position Sie sich zum Pferd aufstellen).

Dazu eine Bemerkung: Später, wenn Ihr Pferd diese Arbeit kennt, spielt Ihre Körpersprache nur noch eine untergeordnete Rolle und Sie behalten Ihren Standpunkt in der Mitte des Zirkels bei. Anfangs allerdings werden Sie manchmal noch einen Schritt von vorn oder aber von hinten auf den jeweiligen Schlüsselpunkt zugehen müssen.

So halten Sie die Longe richtig

Ein wenig üben müssen Sie die Handhabung der Longe. Sie sollte stets unverdreht in Ihrer inneren Hand liegen. Das heißt: Läuft Ihr Pferd auf der linken Hand im Gegenuhrzeigersinn, halten Sie die Longe in Ihrer linken Hand. Läuft es auf der rechten Hand im Uhrzeigersinn, halten Sie die Longe rechts. Die Longierpeitsche halten Sie in der äußeren Hand. Nehmen Sie die Longe in aufeinander liegenden Schlaufen auf – dabei muss jede neue Schlaufe etwas größer sein als die vorhergehende. So können Sie bei Bedarf schnell Leine zugeben. Passen Sie auf, dass die Schlaufen nicht so tief herabhängen, dass Sie hineintreten könnten. Und ebenso, dass Sie möglichst von Anfang an das Pferd in leichter, gleichmäßiger Anlehnung an der Hand arbeiten (also eine sanfte Verbindung zum Pferdekopf halten). Die Longe sollte also nicht stark durchhängen oder über den Boden schleifen.

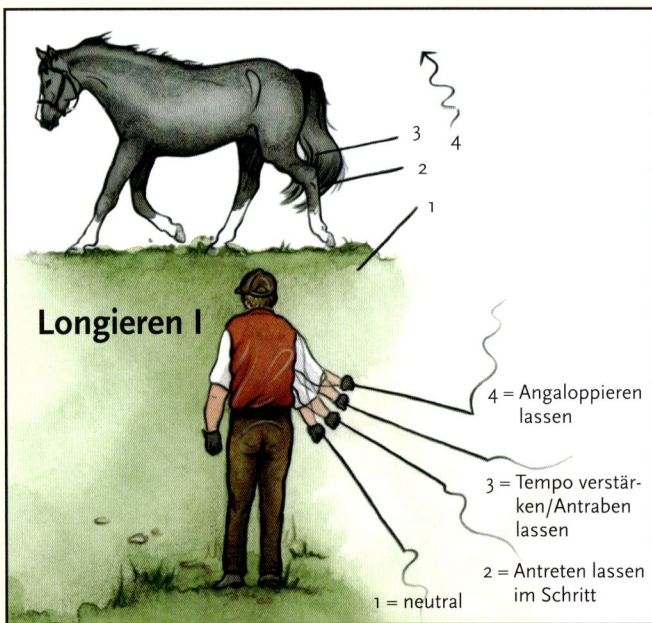

Longieren I

4 = Angaloppieren lassen

3 = Tempo verstärken/Antraben lassen

2 = Antreten lassen im Schritt

1 = neutral

... und so die Longierpeitsche

Die Longierpeitsche ist weder Prügel noch Fliegenklatsche noch sonst ein Instrument, mit dem man wild herumfuchtelt. Sie ist vielmehr ein wichtiges Hilfsmittel, mit dem Sie Ihrem Pferd ganz deutliche Signale geben können. Ihr Pferd kann und möchte von der Zirkellinie aus sehen, was Sie mit der Longierpeitsche machen. Daran orientiert es sich. Lassen Sie daher die Longierpeitsche beim Longieren niemals weg.

So setzen Sie die Longierpeitsche korrekt ein

- Soll es gar nichts oder nichts anderes als bisher tun, halten Sie die Longierpeitsche in einer fürs Pferd neutralen Position. Sie weist nach unten auf den Boden (unter Sprunggelenkhöhe).
- Zum Antreten heben Sie Longierpeitsche und zeigen von hinten nach vorn in Richtung Sprunggelenke. Ist Ihr vierbeiniger Freund unaufmerksam oder faul, führen Sie die Peitsche noch einmal in einem Bogen von unten nach oben und von hinten nach vorn. Notfalls muss er mit *einem* spürbaren Klaps auf die Kruppe aufgeweckt werden.
- Zum Tempoverstärken oder Antraben führen Sie sie im Bogen von hinten nach vorn mit Richtung oberhalb der Sprunggelenke.
- Zum Angaloppieren wippt die Peitsche leicht aufwärts oberhalb der Sprunggelenke.
- Wollen Sie das Tempo verlangsamen, senken Sie die Peitsche.

....

So halten Sie die Longierpeitsche richtig: Je nachdem, was Ihr Pferd tun soll, richten Sie sie direkt aufs Sprunggelenk oder auf die entsprechenden Punkte darunter oder darüber.

....

- Drängt Ihr Pferd zur Zirkelmitte, leiten Sie es mit schlängelnden Longenbewegungen wieder auf den Hufschlag hinaus – die Peitsche zeigt dabei in Richtung Pferdeschulter (denken Sie an die Knackpunkte!)
- Zum Anhalten wechseln Sie (anfangs – später reicht das Stimmkommando!) die Peitsche hinter Ihrem Körper in die linke Hand, treten (wenn nötig) von schräg vorn (wieder mit Körper und Gesicht zum Pferd) auf es zu und begrenzen mit der Peitsche seinen Weg nach vorn. Dazu geben Sie das Kommando »Halt, Steh« oder »Whoa«!
- Zum Rückwärtsrichten halten Sie Ihr Pferd an. Wechseln Sie die Peitsche *hinter* Ihrem Körper in die andere Hand (ein Wechsel vor Ihrem Körper würde es irritieren) und bewegen sie sachte und in einem Abstand, der es nicht erschrickt (das ist von Pferd zu Pferd verschieden), vor dem Pferdekopf auf und nieder. Es sollte nicht abwenden oder hektisch oder ängstlich zu viele Schritte zurücktreten!

Und das sind Ihre zusätzlichen Hilfen

Natürlich geben Sie dazu auch Ihre gewohnten Stimmkommandos: Schnalzen Sie aufmunternd, um das Pferd antreten zu lassen oder anzutreiben. Halten Sie es mit einem langgezogenen »Halt!« oder »Whoa« an, schicken Sie es mit einem »Zurück« rückwärts. Zusätzlich setzen Sie (anfangs) Ihren Körper ein: Soll Ihr Pferd fleißiger vorwärts gehen, machen Sie einen oder mehrere Schritte auf die Hinterhand zu. Soll es sein Tempo zurücknehmen, machen Sie von schräg vorn einen Schritt auf es zu (das haben Sie ja schon am längeren Führstrick geübt).

Mehr als bloßes Kreiseln

Der Anfang ist ganz leicht. Fassen Sie die Longe so kurz wie den längeren Führstrick und schicken Ihr Pferd, wie Sie beide

Schön! Mit vorgehaltener Peitsche leitet Kathrin das Rückwärtsrichten ein.

das kennen, im Longierkreis oder in der halben Bahn auf einem kleinen Zirkel um sich herum. Bitte im Schritt und auf seiner »Schokoladenseite«, da es sich hier leichter löst. Ge-

Tipp

+ Ihr Pferd soll die einmal geforderte Gangart so lange beibehalten, bis Sie ein neues Kommando erteilen. Schnalzen oder bewegen Sie die Peitsche also nicht »vorsorglich«. Beobachten Sie Ihr Pferd aber genau, damit Sie frühzeitig zu erkennen, wann es die Gangart wechseln will. Jetzt – *bevor* es von sich aus die Gangart ändert – wirken Sie durch die korrekte Hilfe treibend oder verwahrend ein!

Step by Step

So wenden Sie Ihr Pferd

+ Am einfachsten: Sie halten es an und lassen es still-stehen. Dann gehen Sie aus der Mitte von vorn auf das Pferd zu, machen mit ihm eine Kehrtwendung und halten es auf der Zirkellinie wieder an. Während es stillsteht, gehen Sie zurück zur Zirkelmitte und lassen es wieder antreten.

+ Eine zweite Möglichkeit: Sie verkürzen die Longe, holen das Pferd so etwas in den Kreis hinein, wechseln geschickt die Peitsche in die andere (nun äußere) Hand und treiben es nach einer halben Volte wieder auf den Hufschlag in Gegenrichtung hinaus. Wichtig: Die Peitsche muss hinter Ihrem Körper von einer in die andere Hand gleiten – vor der Körper würde Sie Ihr Pferd veranlassen, anzuhalten oder gar zurückzuweichen!

ben Sie Leine zu und schicken es dabei vorwärts: So vergrößert es den Zirkel und erreicht allmählich den Hufschlag. Erschrecken Sie nicht, wenn es hier antraben sollte und versuchen Sie auch nicht, es gleich wieder durchzuparieren. Es soll – wie es in der Fachsprache heißt – während der Anfangs- oder Gewöhnungsphase vor allem lernen, flüssig vorwärts zu gehen.

Lassen Sie es traben, bis es sich sichtlich entspannt und gelockert hat. Jetzt dürfen Sie versuchen, es mit Ihrer Stimme zu beruhigen und durch eine körpersprachliche Hilfe zum Schritt durchzuparieren.

Was immer gilt

Sobald Ihr Pferd locker ist, arbeiten Sie es hauptsächlich in einem ruhigen, gleichmäßigen Trab. Er macht seinen Körper schön geschmeidig. Zwischendurch darf sich Ihr Pferd im Schritt etwas erholen, soll aber nicht schlurfen, sondern fleißig vorwärtsgehen. Zur Entspannung halten Sie es zwischendurch immer wieder mal an und lassen es eine Weile stillstehen. Wichtig: Es soll auf der Zirkellinie anhalten und nicht in die Mitte kommen! Verhindern Sie das durch Schlängeln mit der Longe und indem Sie mit der Peitschenspitze auf seine Schulter zeigen. Lassen Sie es regelmäßig die Hand wechseln, also mal im Uhrzeigersinn und dann wieder im Gegenuhrzeigersinn laufen. So werden beide Körperseiten gleichmäßig sanft gedehnt. An der einfachen Longe wenden Sie Ihr Pferd grundsätzlich *nach innen* (später, an der Doppellonge, tun Sie dies nach beiden Seiten). Wie das funktioniert, lesen Sie gleich.

Nicht zu früh galoppieren

Beim Galopp halten Sie es ruhig so, wie viele Anhänger der klassischen Reitlehre es auch vom Sattel aus tun: Fordern Sie

Tipp

+ Galoppiert Ihr Pferd nur zögerlich an und/oder fällt auch von sich aus gern wieder in Trab, verkürzen Sie die Longe etwas und gehen auf einem kleinen Kreis in der Mitte des Zirkels so mit, dass Sie immer in der treibenden Position bleiben. Treten Sie selbst dabei mit akzentuierten Schritten auf und halten Sie die Longierpeitsche die ganze Zeit hoch.

Ganz einfach
zu merken ...

+ Kämpfen Sie niemals gegen Ihr Pferd, wenn Sie nicht sicher sind, dass Sie den Kampf gewinnen. Wenn Sie unterliegen sollten, müssen Sie sonst wieder energisch um Ihre Chef-Position kämpfen.

ihn erst, wenn Ihr Pferd sicher gelernt hat, in ganz ruhigem und gleichmäßigen Trab zu gehen und hier sein individuelles Tempo gefunden hat.

Lassen Sie es zunächst nur aus dem ruhigen Trab (und erst viel später aus dem Schritt heraus) angaloppieren und fordern anfangs auch nur eine halbe bis eine Runde. Später dürfen Sie die Anzahl der Galopprunden allmählich vergrößern. Ihr Ziel: Ihr Pferd soll lernen, im Galopp nicht herumzujagen, sondern auch diese Gangart in schöner Selbsthaltung ruhig und entspannt auszuführen.

Hilfe, mein Pferd rast herum ...

Manchmal kommt es aber anders: Ihr Pferd rast von sich aus um Sie herum. Lassen Sie es sich austoben. Sie wissen ja: Wenn Sie ein Kommando geben, muss es vom Pferd auch befolgt werden (sonst klettern Sie auf der Rangleiter zumindest eine Stufe nach unten!). Bei einem guten Bodenbelag brauchen Sie sich auch kaum zu sorgen. Die meisten Pferde stürzen nicht! Verhalten Sie sich neutral (am besten gucken Sie mit gesenkter Peitsche »desinteressiert« in die Gegend und *nicht* aufs Pferd). Versuchen Sie nicht – höchstwahrscheinlich vergeblich – es durchzuparieren. Warten Sie lieber, bis es sich von selbst beruhigt. Dann arbeiten Sie im ruhigen Trab oder Schritt weiter, so als sei nichts geschehen.

Neues probieren!

Eines darf Longieren niemals werden: langweilig für Sie oder Ihr Pferd. Es darf weder Sie noch Ihr Pferd ermüden (...auch, weil Sie später Ihr Pferd nach dem Longieren noch ein wenig reiten wollen), sondern soll es mental und körperlich eher erfrischen! Bringen Sie daher ruhig Abwechslung in Ihre Longenübungen. Spaß machen Übungen mit Rundhölzern oder Cavaletti. Platzieren Sie zunächst ein Rundholz auf dem Hufschlag und lassen Ihr Pferd im Schritt, Trab und – falls es schon ein Longenroutinier ist – im Galopp darüber gehen. Später arbeiten Sie mit zwei bis vier Cavaletti (im Schritt liegen Sie bei einem Großpferd zirka 80 cm auseinander, im Trab 1,10–1,30 m – bitte ausprobieren!). Eine tolle Gehorsamsübung: Sie lassen Ihr Pferd vor oder über einem oder genau zwischen zwei Cavaletti anhalten und stillstehen. Alternativ bauen Sie Gassen aus mit Sand gefüllten Kunststoff-

Abwechslung gefällig? Natürlich bewältigt Midi das kleine Hindernis mit Bravour!

kanistern aus, zwischen denen Sie Ihr Pferd hindurchlongieren. Solche Übungen bauen gleichzeitig die Scheuneigung ab.

Longieren in der großen Bahn

Sitzen alle Übungen, dürfen Sie auch mal den Zirkel oder die halbierte Reitbahn verlassen und es in der großen Reithalle oder auf dem Außenplatz versuchen. Hier ist die Einfriedung weiter entfernt beziehungsweise fehlt auf einer Seite ganz. Sie half Ihrem Pferd, einen schönen gleichmäßigen Bogen zu laufen. Und verhinderte weitgehend, dass es sich übermütig in Richtung Hallentor selbstständig machen konnte. Beachten Sie daher unsere Step-by-Step-Anleitungen!

58

Step by Step

+ Halten Sie bei den ersten Übungen in der großen Bahn die Longe kürzer als sonst. Auf einem kleineren Kreisdurchmesser haben Sie Ihr Pferd besser unter Kontrolle.

+ Arbeiten Sie zunächst auf dem unteren Zirkel (am Tor). Ihr Pferd mag zwar am Tor langsamer werden, aber es besteht kaum Gefahr, dass es sich losreißt.

+ Lassen Sie Ihr Pferd erst dann galoppieren, wenn es auch hier eine schöne Kreislinie einhält und alle Anweisungen ebenso gehorsam ausführt wie auf dem Longierzirkel.

+ Haben Sie beide sich an die neue Raumdimension gewöhnt, arbeiten Sie auch auf dem oberen und dem mittleren Zirkel.

Longierausrüstung für Fortgeschrittene

Stellen Sie sich vor, Sie wollen joggen ... und der Hosenbund kneift und Ihre neuen Laufschuhe drücken. Was passiert? Sie fühlen sich schrecklich unbehaglich und wissen genau: Das gibt eine Blase! Die Ausrüstung *muss* also stimmen, damit das Training Spaß macht – auch jetzt bei der »Longenschule für Fortgeschrittene«! Ihr Pferd trägt nun seine gewohnte Trensenzäumung (mit ausgeschnalltem Zügel), dazu ein Reithalfter, das die Lage des Gebisses stabilisiert. Hinzu kommen Sattel oder Longiergurt und als »Einsteiger-Hilfszügel« ein Paar Ausbindezügel. Dazu kommt natürlich die Longe. Die gibt es aus Gurtband, Nylon oder Hanfseil. Wählen Sie die Ausführung, die Sie bequem handhaben können und die auch in Schlaufen gelegt noch durch Ihre Finger passt. Zum Befestigen der Longe gibt es verschiedene Möglichkeiten. Jede hat leider auch Nachteile. Im Laden wird man Ihnen eine Longierbrille empfehlen. Sie haken sie rechts und links in die Trensenringe und klinken die Longe in den mittleren Ring. Leider lässt die Longierbrille den äußeren Gebissring gegen die Lefzen drücken und schiebt das Gebiss gegen den Gaumen. Das kann fürs Pferd schmerzhaft sein. Außerdem macht das leichte Schaukeln der Brille nervöse Pferde oft unruhig. Beim Zaum ohne Sperrhalfter oder mit englischem Reithalfter können Sie stattdessen die Longe auch durch den inneren Trensenring unterm Kinn hinüber zum äußeren Trensenring führen. Diese Variante kann auch auf die Lefzen drücken und das Kinn quetschen. Etwas gleichmäßiger wird der Druck verteilt, wenn Sie ein

Hannoversches Reithalfter benutzen. Dann haken Sie den Longenkarabiner in den inneren Trensenring *und* – oberhalb des Gebisses – in den Ring des Halfter-Nasenbands. Leider wird das Hannoversche Reithalfter oft verteufelt. Doch wenn Sie es so verschnallen, dass es die Atemwege nicht beengt, stabilisiert es die Lage des Gebisses im Maul sehr angenehm. Oder Sie führen die Longe durch den inneren Trensenring an der Kopfseite entlang über das Genick des Pferdes zum äußeren Trensenring. Wie auch immer Sie die Longe einhaken: Sobald Ihr Pferd an der Longe zerrt oder Sie zu fest zupacken, üben Sie Druck aus. Trotzdem darf die Longe niemals nur in einen Ring gehakt werden, denn dann würden Sie das Gebiss einfach durchs Maul ziehen. Fazit: Üben Sie lange genug nur mit Halfter, bis sich Ihr Pferd wirklich an die Arbeit gewöhnt hat. Dann arbeitet es auch auf Trense gelassen mit. Und die Gefahr, dass es einmal zu Druck und Gegendruck kommt und Sie Ihrem Pferd Schmerz zufügen, sinkt auf ein Mindestmaß.

Sattel oder Longiergurt?

Fehlt ein Longiergurt? Dann benutzen Sie einfach Ihren Sattel. Bügelriemen und Steigbügel schnallen Sie komplett aus oder ziehen die Steigbügel hoch und fixieren sie sorgsam. Gurte gibt es in mehreren Ausführungen – vom preiswerten Textil- bis zum teuren Ledergurt. Ein Gurt muss gut passen und ohne scheuernde Kanten verarbeitet sein; der Bauchriemen muss sich auf *beiden* Seiten verstellen lassen. Vier bis sechs große Ringe an jeder Seite eröffnen Ihnen verschiedene Möglichkeiten, Hilfszügel – oder später die Doppellonge – einzuschnallen. Textilgurte sind meist mit Kunstfell unterlegt, Ledergurte gepolstert. Wenn nötig, legen Sie noch eine mehrfach gefaltete kleine Decke als Unterlage auf. Es gibt auch spezielle Gurtunterlagen, die allerdings gelegentlich verrutschen.

Ausbindezügel

Ausbinder sind lange zügelähnliche Lederriemen mit einem gepolsterten Ring im vorderen Teil. Er gibt dem Riemen etwas Elastizität und verhindert, dass das Pferd bei jedem Schritt einen Ruck im Maul verspürt. Vorn wird der Ausbinder mit einem Karabiner in den Trensenring eingeklinkt, hinten mit einer Schlaufe im unteren Ring des Longiergurtes oder an der vorderen Sattelgurtstrippe befestigt. Belassen Sie den Ausbinder immer so lang, dass die Stirnlinie des Pferdes leicht *vor* der Senkrechten bleibt!

Stütchen Momo – sichtlich stolz – mit kompletter Longierausrüstung: Trensenzaum, Longiergurt und Ausbindezügeln.

Gymnastik
am »langen Bandel«

Ein tolles Gefühl, wenn Sie und Ihr Pferd so richtig aufeinander eingestimmt sind! Wenn Ihr vierbeiniger Freund auf kleinste Zeichen hin locker, gleichmäßig und mit sichtlichem Spaß »rund läuft« mit ruhigen Übergängen zwischen den Grundgangarten. Wenn er das Tempo verstärkt oder zurücknimmt und dabei nicht aus dem Takt gerät. Wenn er brav anhält, korrekt wendet, vertrauensvoll rückwärts tritt... alles Zeichen dafür, dass er – genau wie Sie – mit der Longenarbeit vertraut ist und Sie sich auf seinen Gehorsam verlassen können. Jetzt

Longenschule für Fortgeschrittene: Iris und Momo in voller Montur.

(und wirklich erst jetzt) haben Sie die – wie es in der Fachsprache heißt – Gewöhnungsphase abgeschlossen. Nun fangen Sie in der »Schule für Fortgeschrittene« an!

Direkter Draht zum Pferdemaul

Ihr erster Schritt: Sie ziehen Ihrem Pferd seinen gewohnten Trensenzaum (ohne Zügel) an und legen ihm seinen Sattel auf (Bügel hochziehen und fixieren). Oder einen gut passenden Longiergurt. Nun machen Sie die gleichen Longenübungen wie bisher. Doch was für Sie beinah gleich ausschaut, fühlt sich für Ihr Pferd zunächst doch anders an. Denn jetzt trägt es ein Gebiss im Maul, das jede Ihrer noch so geringen

Handbewegungen auf Zunge, Laden und Lefzen überträgt. So wie Ihnen Ihr *Reit*lehrer immer wieder eine sanfte Zügelhand einbläut, so gehört in der Longenschule eine behutsame Longenhand zu Ihrem Lernpensum. Ihr Pferd soll und darf die leichte Verbindung zwischen seinem Maul und Ihrer Hand spüren, zumal sie ja Ihrer Verständigung dient. Schmerz darf sie ihm jedoch nicht zufügen! Daher befestigen Sie die Longe ja auch immer so, dass sie entweder auf beide Trensenringe oder auf einen Trensenring *und zugleich* – über das Reithalfter – auf die Pferdenase wirkt. Das verteilt den Druck im Maul gleichmäßiger, als wenn Sie die Longe nur an einer Seite befestigen würden. Durch sanftes Annehmen und Nachgeben mit der Hand beginnt Ihr Pferd nun, mit dem Gebiss zu spielen. Das entspannt seine Nackenmuskulatur und wirkt damit wie eine ganz kleine Dehnübung.

Gürtel um den Bauch

Einen Sattel oder Longiergurt zu tragen fühlt sich für Ihr Pferd ähnlich an wie ein Gürtel mit Zusatzzubehör, den Sie sich eng um die Taille schnallen. Beide Ausrüstungsteile müssen Ihrem Pferd passen. Nichts darf scheuern oder drücken, denn das verursacht Schmerzen. Und die wiederum beeinträchtigen die Arbeit. Klar: Weiter vorn im Buch wurde der Ausbindezügel angekündigt. Mit ihm wollen Sie ein bisschen Form in den Pferdekörper bringen. Auch wenn Sie das Neue reizt: Üben Sie ein paar Mal geduldig »ohne«, also nur mit Sattel oder Gurt.

Hilfszügel ... warum?

Über Hilfszügel ist viel geschrieben worden. Vor allem Negatives. Und natürlich haben auch Sie schon zahllose schreckliche Bilder »zusammengezurrter« Pferde gesehen, denen mit Hilfszügeln die Nase buchstäblich vor die Brust gezogen wurde – in natura ebenso wie auf Fotos. Richtig angewandt

aber sind Hilfszügel tatsächlich nützlich. Nicht immer rühren Gefahren und Risiken am und auf dem Pferd von fehlendem Gehorsam oder Unaufmerksamkeit her, sondern auch von unkontrollierten Bewegungen und ungenügender Geschmeidigkeit. Beim Reitunterricht erleichtern sie beispielsweise sowohl dem Pferd als auch dem blutigen Anfänger die Arbeit. Und ganz allgemein helfen sie Ihnen, die Bewegungen Ihres Pferdes zu schulen und es zu gymnastizieren.
Und diese Gymnastik macht den Körper Ihres Pferdes geschmeidig. Auch Bodenarbeit soll und kann ihn dehnen und

---

Ganz einfach
zu merken ...

+ Die Longe ist ein sehr langer Zügel. Er verbindet Ihre Hand mit dem empfindlichsten Körperteil Ihres Pferdes. Jede Ihrer Handbewegungen wird auf sein Maul übertragen. Bemühen Sie sich daher um eine behutsame Verbindung, indem Sie die Longe sanft annehmen und nachgeben. Rucken oder zerren Sie nie!

Tipp

+ Kennt Ihr Pferd das Longieren mit Sattel, fixieren Sie die Bügel gelegentlich *nicht*, sondern lassen sie herunterhängen (aber nicht so, dass sie gegen das Ellbogengelenk schlagen). Beruhigen Sie Ihr Pferd mit Ihrer Stimme, falls es durch das Klopfen der schweren Bügel hektischer geht. Diese kleine unscheinbare Übung hilft erfahrungsgemäß, Pferde (ein wenig) scheufreier zu machen.

Auch wenn jede Art, die Longe zu befestigen, Nachteile hat: Sie darf niemals nur in einen Trensenring eingeklinkt werden!

strecken und die Muskulatur an den richtigen Stellen fördern und kräftigen. So wie Sie selbst zu einigen Gymnastikübungen Hilfsmittel – wie Stretchbänder – benutzen, so sinnvoll ist es, bei der »Gymnastikübung Longieren« ein sanftes Hilfsmittel – den Ausbindezügel – behutsam einzusetzen. Aber bitte nur dann und nirgendwo sonst!

Ausbinder – prima für den Anfang

Warum aber gerade den Ausbindezügel? Einfach, weil Sie als Erstklässler in der Schule für Fortgeschrittene mit ihm am wenigsten falsch machen oder Ihrem Pferd schaden können. Im Fachgeschäft wird man Ihnen sicherlich noch den Lon-

gierschlaufzügel, den Halsverlängerer oder gar Gogue und Chambon empfehlen (wobei die beiden letztgenannten wirklich ausschließlich in Könnerhände gehören... und wer hat die schon?!). Vielleicht lesen Sie dieses Buch erst einmal zu Ende und arbeiten es praktisch durch. Anschließend besuchen Sie in einem Ausbildungsstall noch ein paar Longenkurse. Danach bleibt immer noch genügend Zeit, sich näher mit Schlaufzügel und Halsverlängerer zu beschäftigen.
Den Ausbinder (Sie haben ihn schon im Kasten »Longierausrüstung für Fortgeschrittene« kennen gelernt) mögen die meisten Pferde. Die sichere seitliche Führung scheint sie angenehm zu beruhigen. Der leichte Zug im Maul regt sie an, auf dem Gebiss zu kauen. Durch die Kaubewegungen wird Speichel produziert wie bei der Nahrungsaufnahme. Ihr Pferd entspannt sich wie beim Fressen und senkt automatisch den Kopf. Es gibt also mit der Nackenmuskulatur nach. Beim Senken des Kopfes wird gleichzeitig die Ohrspeicheldrüse angeregt. Die stellt nun noch mehr Speichel her, was wiederum die Kaubewegungen fördert – ein positiver Pingpong-Effekt!

Fast schon wie ein Profi

Nun bauen Sie Ihre Übungseinheit genauso auf wie ohne Hilfszügel. Lassen Sie Ihrem Pferd Zeit, sich an die neuen Dinger zu gewöhnen. Schnallen Sie zunächst die Ausbinder auf beiden Seiten so lang, dass sie keine Wirkung zeigen, aber auch nicht lose baumeln. Das Schaukeln lenkt ab und lässt das Pferd womöglich nach den schlenkernden Ausbindern schnappen. Longieren Sie Ihr Pferd im Schritt und Trab, lassen es wenden, richten es rückwärts und verkleinern und vergrößern die Kreislinie. Nach zehn Minuten darf es stillstehen. Nun verkürzen Sie die Ausbinder um wenige Zentimeter. Lassen Sie Ihr Pferd wieder antreten und antraben. Möglicherweise wird es ein paar Mal mit dem Kopf schlagen, weil es den Widerstand fühlt. Wirken Sie nicht ein, falls es von sich aus schneller wird. Nach einiger Zeit wird es zu seinem

Step by Step

So legen Sie Ausbinde-zügel richtig an

✚ Am Sattelplatz befestigen Sie die Ausbinder rechts und links an der vorderen Sattelgurtstrippe oder im jeweils untersten Ring des Longiergurtes. Die Karabiner klinken Sie zunächst in eine Öse am Sattel beziehungsweise in den Longiergurtring oben in der Mitte.

✚ Erst auf dem Longierplatz stellen Sie die gewünschte Länge ein und verkürzen oder verlängern die Ausbinder mit Hilfe der eingestanzten Löcher.

✚ Dann stellen Sie sich vor Ihr Pferd. Fassen Sie mit beiden Mittelfingern rechts und links in die Trensenringe: So können Sie fühlen, ob beide Ausbinder gleich lang sind. Wenn ja, können Sie nun mit der Arbeit beginnen, wenn nein, bringen Sie die Ausbinder rechts und links auf die gleiche Länge. Stellen Sie (auch wenn Sie das irgendwo gelesen haben) den inneren Ausbinder nicht kürzer als den äußeren ein!

individuellen Trabtempo zurückfinden und ein, zwei Mal den Kopf wie suchend abwärts bewegen. Entweder schon an diesem Tag oder in den nächsten Tagen fängt es an, sich an das Gebiss heranzudehnen und es zu suchen. Arbeiten Sie es noch einige Runden auf dem Longierkreis auf beiden Händen, lassen es dann stillstehen und schnallen die Ausbinder wieder aus. Zum Abschluss darf es sich noch ein paar Minuten im Schritt an der Longe strecken.

Künftig arbeiten Sie Ihr Pferd regelmäßig, aber trotzdem »mäßig« oft mit Ausbindezügeln. Zwei bis drei Mal pro Woche genügt. Longieren Sie es zunächst mit ganz lang eingestelltem Hilfszügel. So kann es sich lockern und aufwärmen. Verkürzen Sie dann allmählich den Hilfszügel – aber bitte ganz behutsam und über einen Zeitraum von einigen Wochen. Sonst bekommt Ihr Pferd Muskelkater! Ihr Ziel: Seine Stirnlinie soll eine Handbreit vor der Senkrechten stehen. Zum Ende der Übung hin verlängern Sie den Hilfszügel wieder und schnallen ihn am Schluss ganz aus. Und bitte daran denken: Wann, wo und wie auch immer Sie longieren: Tun Sie es niemals länger als zwanzig Minuten! Dann wird Ihr Pferd weder müde noch langweilt es sich.

Vom Zirkel zur Geraden

»Beim Longieren wird der Körper des Pferdes auf der gebogenen Linie sanft gedehnt...« hieß es am Anfang dieses Kapi-

So muss es sein: Momos Stirnlinie befindet sich eine Handbreit vor der Senkrechten!

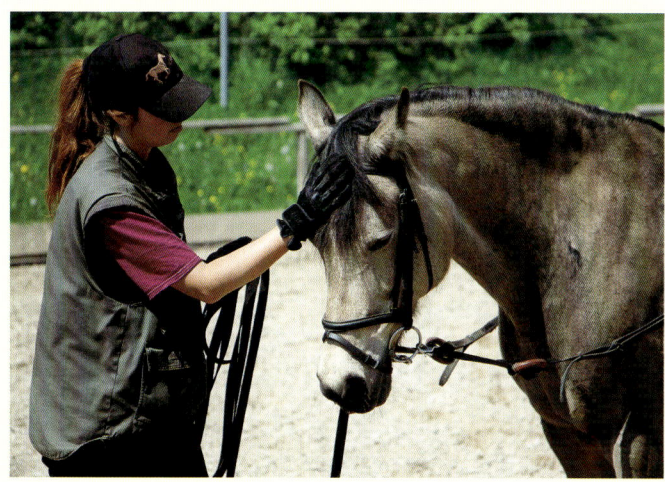

Tipp

✚ Gehen Sie im zügigen Tempo in der Treibeposition seitlich hinter Ihrem Pferd – das spornt es zu einer kraftvollen Gangverstärkung an. Sie werden sich wundern, was für ein Bewegungspotential in Ihrem vierbeinigen Freund steckt!

tels. Gut und richtig. Das schließt aber nicht aus, dass es auch gerade Linien laufen darf. Versuchen Sie es mal (falls *Sie* fit genug sind und sich auf den Gehorsam Ihres Pferdes verlassen können) – bringen Sie Power in Ihre Bodenübungen und geben ihm Gelegenheit, seinen Raumgriff zu vergrößern. Und so geht's:

Gehen Sie mit Ihrem Pferd auf eine große Bahn. Fassen Sie die Longe etwas kürzer als gewohnt. Statt es aber auf einem großen Zirkel laufen zu lassen, schicken Sie es aus der treibenden Position heraus (... denken Sie an den Schlüsselpunkt Pferdekruppe) den Hufschlag der ganzen Bahn entlang. Bleiben Sie dabei seitlich *hinter* Ihrem Pferd, damit Sie es nicht ungewollt verlangsamen. Die Longierpeitsche weist in Richtung Pferdeschulter. So halten Sie Ihr Pferd korrekt auf dem Hufschlag. Achten Sie auf eine sanfte Verbindung zum Maul. Wird Ihr Pferd zu schnell, zupfen Sie an der Longe, leiten es auf die Kreislinie und arbeiten souverän auf dem Zirkel weiter.

Zum krönenden Abschluss testen Sie aus, wie es um Ihre Körpersprache *wirklich* bestellt ist (keine Bange – falls es heute noch nicht klappt, feilen Sie noch ein bisschen an Ihrem Körperausdruck). Und zwar beim Seitwärtstreten im Longierzirkel. Diese Übung macht Ihr Pferd nicht nur geschmeidiger, sondern festigt auch seinen Gehorsam, denn dabei weicht es Ihnen deutlich zur Seite hin aus.

Step by Step

Seitwärts treten

✚ Wickeln Sie den Schlag der Longierpeitsche um den Stab und knoten ihn fest. Lassen Sie Ihr Pferd in der Zirkelmitte stillstehen. Stehen Sie links vom Pferd in der Treibeposition – Longe (kürzer als sonst) links, Longierpeitsche rechts.

✚ Heben Sie die Longierpeitsche quer vor Ihren Körper und treiben mit seitwärts gestelltem Körper Ihr Pferd nach rechts außen vor sich her zum Hufschlag des Zirkels. Es soll nach rechts gestellt gehen.

✚ Bei jedem Schritt setzen Sie Ihren linken Fuß vor den rechten Fuß, kreuzen also selbst deutlich die Beine. Unterbrechen Sie Ihre eigene Vorwärts-Seitwärts-Bewegung *keinesfalls*, sondern führen sie mit quer gehaltener Gerte zügig und selbstbewusst (Sie sind das Leitpferd!) durch.

✚ Ihr Pferd wird Ihnen weichen und den Hufschlag entlang seitwärts treten. Dabei kreuzt das linke Vorderbein das rechte. Wichtig: Geben Sie mit der Longe immer nach, kurz bevor sein Fuß kreuzt. So hat es Kopf und Schulter frei für den nächsten Schritt!

✚ Fordern Sie anfangs nur ein paar Schritte. Dann lassen Sie Ihr Pferd stillstehen, loben es und arbeiten normal weiter.

Mit **zwei** Longen?
Gar **nicht so** kompliziert...

Gesehen haben Sie das schon. Auch bewundert, nicht wahr? Und sich gewünscht, Sie könnten es auch mit Ihrem Pferd tun... wovon die Rede ist? Von der Arbeit mit der Doppellonge! Statt einer Longe halten Sie dann zwei in den Händen. Wie sehr lange Reitzügel führen beide zum Pferdemaul. Und tatsächlich ist das, was Sie mit Ihrem Pferd tun, eine Art »Reiten ohne Reiter«. Sie fördern dadurch Takt, Losgelassenheit, Anlehnung, aber auch Schwung und Durchlässigkeit. Nichts behindert die Rückentätigkeit Ihres Pferdes (wie dies ein unausbalanciert einsitzender Reiter oft ungewollt tut), so dass es sich viel leichter löst und sein Rücken bald sichtbar zu schwingen beginnt. Auch wenn Sie aus gesundheitlichen oder anderen Gründen nicht reiten können, Ihr Pferd aber

Ein Mann, ein Pferd, zwei Leinen: Thorsten und Adiemus, das ideale Paar bei der Doppellongenarbeit.

sinnvoll beschäftigen und fördern möchten, finden Sie in der Doppellongen-Arbeit eine wunderbare Alternative. Mehr noch: einen Sport, den Sie bis ins höchste Alter ausüben können – ohne Angst und ohne größeres Risiko!

Kann auch ich das?

Eines sollten Sie nicht tun: sich einreden lassen, Sie könnten das nicht lernen. Da in den meisten konventionellen Ställen niemand mit der Doppellonge arbeitet, glauben viele Reiter tatsächlich, das sei nur etwas für echte Profis... oder Spinner. Wenn Sie sich ernsthaft bemühen und bereit sind, regelmäßig zu üben, entwickeln Sie ganz schnell Geschick im Umgang mit den Leinen. Und noch etwas kann passieren: Einige Reitprobleme lösen sich in Luft auf. Oft reagiert ein Pferd nämlich unterm Reiter schwierig, heftig oder lernunwillig, weil es nicht weiß, was es mit den widersprüchlichen Hilfen anfangen soll. Zeigt es »gewichtslos« an der Doppellonge ein vollständig anderes – kooperativeres – Verhalten, könnte das ein kleiner Anstoß sein, einmal ein wenig (intensiver) unter Aufsicht eines Reitlehrers an Sitz und Hilfengebung zu arbeiten... Auf jeden Fall können Sie Ihr Pferd an der Doppellonge allmählich an Lektionen heranführen, die ihm unterm Sattel schwer fallen oder zu Widersetzlichkeit führen (lesen Sie dazu auch einmal den hinteren Klappentext »SOS-Bodenarbeit«).

Viel »Leine« in der Hand...

Als einziges neues Ausrüstungsteil brauchen Sie nun eine Doppellonge – aus Gurtband, Nylonkordel oder Kunstleder. Gurtband ist robust, rutschfest und recht schwer, die Schlau-

Mit zwei Longen?   Locker laufen an der Longe

66

....

1 Gut so: Thorsten führt die linke Longe durch den unteren Longiergurtring zum linken Trensenring.

2 Beim Sattel führt die Longe durch den quer geschnallten Bügel.

3 Der bildschöne Adiemus demonstriert, wie die äußere Longe verlaufen kann: Entweder – wie hier – über den Pferderücken...

4 ... oder um die Hinterhand herum.

....

fen sind in der Hand daher größer und etwas unpraktischer. Da die Griffigkeit Sicherheit vermittelt, werden Sie sich vermutlich trotzdem wohl damit fühlen. Eine Nylonkordel läuft leicht durch die Hand, kann aber auch rutschig werden und setzt *sehr* griffige Handschuhe voraus (auch Knoten, in regelmäßigen Abständen geknüpft, sind praktisch). Kunstleder fühlt sich gut an, ist pflegeleicht, kann aber leichter einreißen und ist teurer.

Doppellongen sind entweder durchgehend aus einem Stück gefertigt oder aber bestehen aus zwei, am Ende durch eine Schnalle verbundenen Stücken. Arbeiten Sie bitte immer mit geschlossener Schnalle und lassen die Leinen (möglichst) nicht über den Boden schleifen (manchmal passiert's halt).

Das ist die klassische Methode. Amerikanische Ausbilder arbeiten mit zwei separaten Leinen und lassen diese über den Boden laufen. Aber anders als bei uns sind in Texas die Böden meist trocken – und es bringt wenig Spaß, täglich verschlammte Longen zu reinigen!

Befestigung – einfach und ohne Brimborium

Gleich vorweg: Es gibt viele – und abenteuerlich aussehende – Möglichkeiten, die Doppellonge mit dem Pferd zu verbinden. Die meisten machen durchaus Sinn, aber nur für den echten Profi, der vom Pferdetraining lebt. Sie wollen Ihr Pferd freizeitmäßig arbeiten und ihm keinesfalls schaden. Dann gibt es für Sie eine absolut einfache Möglichkeit: Sie führen die linke Leine durch den linken unteren Longiergurtring zum linken Trensenring und die rechte durch den rechten unteren Longiergurtring zum rechten Trensenring. Auch hier gilt wieder: Wenn Sie und Ihr Pferd die Arbeit auf diese Weise aus dem Effeff beherrschen und Sie beim Spezialisten ein paar Kurse absolviert haben, können Sie anfangen, sich über andere Verschnallvarianten den Kopf zu zerbrechen. Die äußere Leine kann entweder um die Hinterhand herum in Ihre äußere Hand laufen – oder hinter dem Longiergurt hoch und über den Pferderücken in Ihre äußere Hand. Trainieren Sie auf beide Weisen!

Besitzen Sie keinen Longiergurt, legen Sie den Sattel auf, ziehen die Bügel herunter und verstellen sie so, dass sich die Trittfläche ungefähr in Höhe des Ellenbogengelenks befindet. Mit einem alten Bügelriemen binden Sie die Bügel unterm Pferdebauch fest, so dass sie quer vom Pferdeleib abstehen. Dann führen Sie die Leinen rechts und links durch die Bügel zu den Trensenringen. Die äußere Leine läuft um die Hinterhand des Pferdes und nicht hinterm Sattel über den Pferderücken. Hier könnte sie sich verhaken.

Hilfen, die Ihr Pferd versteht

Was Sie freuen wird: Ihr Pferd wird an der Doppellonge viel Lerneifer zeigen. Das liegt an der einfachen Hilfengebung. Sie nehmen ja nur die Leinen an und geben wieder nach und berühren es damit an den Körperseiten. Sie geben einfache Stimmkommandos und unterstützen Ihre Hilfen durch die Longierpeitsche. Sie sitzen weder schief noch klopfen Sie mit den Schenkeln. Ihr Pferd braucht also nur auf einfache Signale zu achten. Das fällt ihm leicht. Es merkt: »Ich *kann* es ja!« Nichts spornt mehr an als Erfolg! So halten Sie mit der Doppellonge zugleich ein Zaubermittel in der Hand – für mehr Harmonie mit Ihrem Pferd.

Alles stimmig: linke Longe in der linken Hand, rechte plus Longierpeitsche in der rechten Hand

Erst mal trocken üben

Zaubermittel hin und her: Das In-der-Hand-Halten ist anfangs nicht so leicht. Doch Ihr Pferd braucht Vertrauen in Ihre Hand. Üben Sie also erst »trocken« ohne Pferd, um ein Gefühl für das Mehr an Leine zu entwickeln. Arbeiten Sie beidhändig, halten Sie die Leinen wie Zügel und lassen sie rechts und links zwischen kleinem und Ringfinger durchlaufen. Oder nehmen Sie sie mit der ganzen Hand auf. Hauptsache, Sie können sie mit Feingefühl bedienen. Die restlichen Schlaufen nehmen Sie mit der linken Hand auf. Achtung: Die Schlaufen dürfen nicht auf den Boden schleifen. Wenn Sie später auch einhändig arbeiten, nehmen Sie die innere Leine zwischen Daumen und Zeigefinger auf, die äußere zwischen Ring- und Mittelfinger. Den Rest halten Sie zwischen kleinem und Ringfinger.

... auch mit der Longierpeitsche

Jetzt halten Sie Longierpeitsche *und* Leine in der äußeren Hand und die Peitsche darf Ihre Leinenführung nicht stören.

67

Mit zwei Longen?   Locker laufen an der Longe

Ganz einfach
zu merken ...

+ Bei der Doppellongen-Arbeit geben Sie keine körpersprachlichen Signale!

Vielleicht müssen Sie doch ins Portemonnaie greifen und sich eine besonders leichte Longierpeitsche kaufen? Oder Sie fassen eine zu schwere Peitsche *vor* dem Knauf an. Bleiben Sie in Ellbogen- und Handgelenk locker und entwickeln Sie ein Gespür für die Bewegung des Peitschenschlages. Große weite Schlagbewegungen erzielen Sie aus dem Ellbogengelenk, kleine oder schlängelnde aus dem Handgelenk. Ihr Ziel: die Peitsche so zu halten, dass der Stab flach über den Leinen »schwebt«.

Ist Ihr Pferd kitzelig?

Anders als an der einfachen Longe verlaufen die Leinen nun an den Körperseiten Ihres Pferdes, über seinen Rücken oder um seine Hinterhand herum. Kitzelige oder ängstliche Pferde müssen darauf vorbereitet werden. Stellen Sie sich mit einem Helfer rechts und links vom Pferd auf. Lassen Sie zunächst ein zusammengerolltes Handtuch, später auch ein Führseil oder eine Longe an den Körperseiten entlang und von der Kruppe die Hinterhand hinabgleiten. Üben Sie wechselweise Druck oberhalb der Sprunggelenke aus. So lernt Ihr Pferd, unterschiedliche Berührungsstärken zu akzeptieren.

Gut so, Thorsten... erst mal ganz ruhig im Schritt anfangen!

Auf dem Zirkel geht's anfangs leichter

Auch für die Doppellonge gilt: Fürs Erste brauchen Sie einen eingefriedeten Platz mit guter Tretschicht – Longierzirkel oder halbierte Bahn. Hier hält ein Helfer Ihr Pferd am Führstrick und auch erst hier legen Sie die Doppellonge an. Führen Sie aber die äußere Leine zunächst *über* den Sattel beziehungsweise hinter dem Longiergurt über den Rücken des Pferdes

Tipp

+ Falls Ihr Pferd erschrickt, sobald es die Leinen an der Hinterhand fühlt, bockt und losstürmt, versuchen Sie nicht, es zu bremsen. Bewahren Sie Ruhe und halten es einfach auf der Zirkellinie. Fuchteln Sie nicht mit der Peitsche herum! Nach wenigen Runden entspannt sich so gut wie jedes Pferd. Wertvoller Lerneffekt: Es erfährt, dass es der Longe nicht entfliehen kann – aber zugleich auch, dass sie ihm nicht weh tut und dass Kämpfen überflüssig ist

und auf keinen Fall um die Hinterhand herum! Ihr Helfer klinkt nun den Führstrick aus und kommt zu Ihnen in die Mitte der Bahn. Nehmen Sie die Leinen in großen Schlingen so in beide Hände, dass Sie – wenn nötig – *sofort* mit der äußeren Hand nachgeben können. Jetzt lassen Sie die äußere Leine über den Rücken des Pferdes und die Kruppe hinunter um seine Hinterhand gleiten.

Hat Ihr Pferd die um die Hinterhand führenden Leinen akzeptiert? Dann üben Sie als Erstes das einfache Gehen im Schritt. Ist es nervös oder übereifrig, darf es traben. Ständiges Durchparieren verstärkt die Unruhe bloß. Nach und nach

Ganz einfach
zu merken ...

+ Arbeiten Sie auf dem Zirkel, sollten die Leinen möglichst immer im rechten Winkel zum Pferd verlaufen.

Einfach toll: Thorsten arbeitet Adiemus »in Position« – das ist fast wie Reiten vom Boden.

Step by Step
Basislektionen

+ Geben Sie das Stimmkommando zum Antreten (Schnalzen). Führen Sie die Peitsche (in der äußeren Hand) von hinten in Richtung der Sprunggelenke. Nachgeben mit der äußeren Hand nicht vergessen, sobald es antritt! Nun lassen Sie es auf derselben Hand gehen, bis es sich löst.

+ Um Ihr Pferd anzuhalten, senken Sie die Peitsche, sagen »Haaaaalt!« und führen wie beim Reiten eine ganze Parade durch. Bewegen Sie sich dabei nicht von der Mitte des Longierzirkels fort.

+ Geht Ihr Pferd trotzdem weiter, nehmen Sie die äußere Leine stärker auf. Geben Sie aber gleich nach, sobald es stehen bleibt. Loben Sie es!

+ Zum Wenden nehmen Sie die äußere Longe an. Geben Sie Ihrem Pferd Zeit, die Wendung Schritt für Schritt auszuführen und geben Sie bei jedem Schritt sofort mit der vormals inneren Hand nach.

+ Zum Wenden *durch den Zirkel* gehen Sie langsam nach außen zum Hufschlag. Ihr Pferd führt dadurch eine halbe Volte durch. Indem Sie zur Zirkelmitte zurückgehen, leiten Sie es durch den Zirkel und auf der anderen Hand auf den Hufschlag wieder hinaus.

Tipp

➕ Nicht jede Übung wird auf Anhieb gelingen – macht nichts! Es ist noch kein Meister vom Himmel gefallen. Falls sich die Leinen verwirren, behalten Sie Ruhe. Nicht schimpfen, Ihr Pferd würde das missverstehen! Parieren Sie es mit der Stimme zum Schritt oder Halten durch und ordnen den Leinensalat. Danach arbeiten Sie weiter, als sei nichts geschehen.

streben Sie ruhiges Jog-Tempo an. Dabei ist der Gymnastizierungseffekt deutlich größer als im Arbeitstempo!

Reiten, ohne auf dem Pferd zu sitzen

Stimmt das Vertrauensverhältnis zwischen Ihnen beiden? Dann probieren Sie Folgendes einmal aus, sobald sich Ihr Pferd gut gelöst hat und sich an den Zügel herandehnt: Verkürzen Sie die Leinen allmählich, sortieren Sie sorgsam die Schlaufen und halten weichen Kontakt zum Pferdemaul. Gehen Sie seitlich neben Ihrem Pferd in Kruppenhöhe, also in der treibenden Position. Vergessen Sie aber nicht den Sicherheitsabstand (auch Ihr Liebling kann in einer brenzligen Situation reflexartig ausschlagen!). »In Position« (so heißt übrigens diese Übung) können Sie es nun leicht versammeln, indem Sie es kleinere Volten und Schlangenlinien gehen und ruhig traben lassen. Dabei können Sie locker mithalten…

Neue Ziele setzen

Nun rückt das Gymnastizieren immer mehr in den Vordergrund. Trainieren Sie vorwiegend im ruhigen Trab. So findet es zu einem gleichmäßigen Takt, und seine Hinterhand wird angeregt, aktiv unterzusetzen. Hölzerne Gänge werden elastischer, der vormals harte Rücken beginnt zu schwingen. Freuen Sie sich darüber! Im Schritt achten Sie auf einen guten Raumgriff – der Vorwärtsschwung darf nicht verloren gehen. Lassen Sie den Galopp erst einmal weg, damit Ihr Pferd gar nicht erst in Versuchung kommt zu stürmen. Der schön versammelte Galopp (wie wir ihn uns an der Doppellonge wünschen) kommt tatsächlich ganz von allein, sobald Ihr Pferd in dieser Arbeit geübt ist und sein Gleichgewicht gefunden hat. Versprochen!

Springgymnastik gefällig?

Viel Spaß bringt Ihnen beiden auch eine kleine Springgymnastik. Bauen Sie im Zirkel auf dem Hufschlag zunächst wieder ein, später auch zwei oder drei Cavaletti auf. Ersatzweise tun es auch auf den Boden gelegte Rundhölzer. Ihr Nachteil: Sie rollen weg, wenn das Pferd mit dem Huf anstößt. Arbeiten Sie zunächst im Schritt, später dann im Trab und auch im Galopp. Bei mehreren Cavaletti müssen Sie vermutlich die Abstände zwischen den Stangen ein paar Mal zu verändern, bis sie zum Sprungmaß Ihres Pferdes passen.
Machen Sie auch an der Doppellonge Gehorsamsübungen. Legen Sie beispielsweise eine Stange aus und lassen Ihr Pferd genau vor der Stange anhalten, wieder antreten und ruhig über die Stange treten. Oder Sie legen zwei Stangen aus und lassen es zwischen den Stangen anhalten.

Kommando »Seitwärtstreten marsch«!

Sobald Ihr Pferd in diesen Übungen recht sicher ist, versuchen Sie, es auf der Kreislinie seitwärts treten zu lassen – erst im Schritt und später durchaus auch einmal im ruhigen Jog-Tempo – eine Übung, die (wenn sie gelingt) auch für Zuschauer sehr professionell ausschaut. Im Übrigen löst sie Ihr Pferd sehr stark.

Step by Step

+ Stellen Sie Ihr Pferd mit den Leinen leicht nach auswärts in Richtung Zirkel-Außenrand. Behalten Sie die Peitsche weiter in der äußeren Hand.

+ Halten Sie mit der inneren Leine Kontakt zum Pferdemaul, um die Bewegung ein klein wenig zu begrenzen.

+ Legen Sie die äußere Leine sanft wiederholt an den Körper Ihres Pferdes. So treiben Sie es mit der äußeren Hand vorwärts-seitwärts.

+ Gleichzeitig lassen Sie die Longierpeitsche in der äußeren Hand behutsam vorschwingen, um die treibende Hilfe zu unterstützen. Das verhindert, dass Ihr Pferd aus dem flüssigen Treten gerät, stehen bleibt oder gar einen Handwechsel versucht.

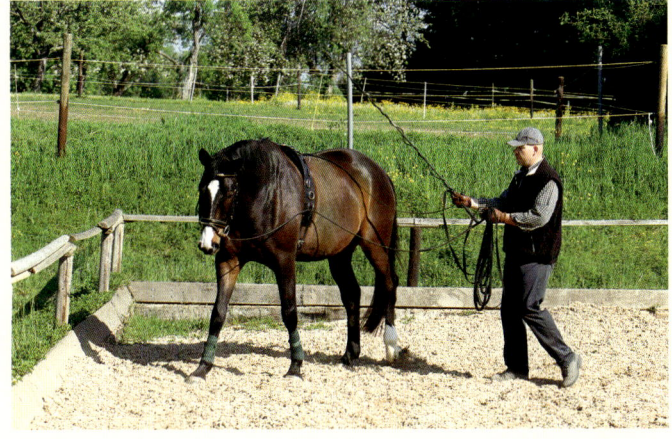

Ganz wie beim Reiten: Adiemus darf die Ecken nicht »abschneiden«.

chen im Auge behalten und Ihr Tempo selbst geschickt zurücknehmen und verstärken, damit die Leinen nicht lose schlabbern und Sie den Kontakt zum Pferdemaul nicht verlieren. Wenn's klappt, bringt es Ihnen beiden richtig gute Laune!

Arbeit auf geraden Linien

Viel besser als an der einfachen Longe können Sie Ihr Pferd an der Doppellonge auf geraden Linien arbeiten. Lassen Sie es zu diesem Zweck »Ganze Bahn« gehen. Verkürzen Sie dabei – wie beim Reiten – das Tempo jeweils an der kurzen Seite und lassen das Pferd an der langen Seite zulegen. Toll, sein Raumgriff – nicht wahr?
Aber die Übung stellt auch einige Anforderung an Ihre eigene Fitness und Ihr Laufvermögen. Vor allem müssen Sie darauf achten, dass die Leinen stets im rechten Winkel zum Pferd laufen. Das heißt: Sie müssen Ihr Pferd ununterbro-

Ganz einfach
zu merken ...

+ Reagiert Ihr Pferd an der Doppellonge anders als Sie sich das vorstellen, steckt keine Widersetzlichkeit oder Fehlverhalten dahinter. Vielmehr sind Ihre Hilfen falsch oder noch nicht ausgereift. Fassen Sie bei schwierigen Übungen die Leinen kürzer und arbeiten etwas näher am Pferd. So können Sie genauer einwirken und Ihr Pferd versteht Sie besser!

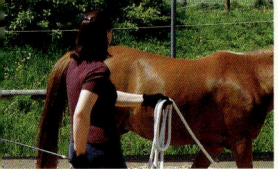

Mit dem Pferd vorneweg –
Fahren vom Boden

Auch wenn ich damit die Regeln des Sachbuchschreibens sprenge (der Autor muss hierbei nämlich die Ich-Form meiden wie die berüchtigte Pest) – *ich* tu's, wie ganz wenige Male zuvor in diesem Buch, hier und jetzt trotzdem. Um begeistert auszurufen: »Ohne das Fahren vom Boden könnte ich mir mein Dasein gar nicht mehr vorstellen! Meine Stute vermutlich auch nicht.« Und ich bin überzeugt, dass es auch in Ihren (und Ihres Pferdes!) Stallalltag Schwung bringt wie nie zuvor. Warum? Einmal, weil es sich so wunderbar selbst in ein randvoll gepacktes Berufs- und Privatleben einbauen lässt. Denn damit können und werden Sie – wie man so sagt – gleich mehrere Fliegen mit einer Klappe schlagen. Beispiel: Sie bewegen Ihr Pferd und kombinieren das mit Ihrem persönlichen Lauftraining. Und/oder dem Hundeausführen. Und/oder dem Sonntagsspaziergang mit Ihren Lieben. Zum anderen: Sie können es zu jeder Tageszeit tun (sogar im Dunkeln, wenn Sie sich nicht früher vom Schreibtisch losreißen konnten und wenn Sie sich und Ihr Pferd mit Leuchtmitteln ausrüsten). Sogar das Wetter darf richtig mies sein (so dass Sie keinerlei Lust zum Ausreiten hätten): Entsprechend ver-

Tipp

+ Streichen Sie Ihr Pferd täglich beim Putzen und auch vor und nach den Longenübungen mit der Longierpeitsche ab und fahren Sie mit ihr sanft (aber nicht kitzelnd) über seinen ganzen Körper und über die Kruppe hinunter zu den Sprung- und Fesselgelenken.
Mit zunehmender Gelassenheit dürfen Sie auch behutsam über sein Gesicht und vor allem seine Ohren fahren. Auf diese Weise entwickelt es Vertrauen in die Peitsche.

packt (Pferd mit Regendecke, Sie selbst mit Regenmantel und -hut) wird Ihnen schon nach kürzester Zeit warm. Sie können es in der Reitanlage tun, auf jedem Platz, auf einer Ovalbahn, auf jeder Wiese. Sie können zu zweit, zu dritt, zu zehnt in der Reitbahn ebenso »fahren« wie im Gelände. Klappt es erst einmal richtig, gibt es kaum eine Disziplin, die Ihrem Pferd mehr Nervenstärke schenkt und das Vertrauen zwischen Ihnen beiden nachhaltiger festigt. Positiver Nebeneffekt: Sie beide werden topfit dabei, denn Bewegung im Schritt (und das bei jedem Wetter) ist das Beste, was Sie seinem und Ihrem Körper antun können...
Genug des Schwärmens – Sie möchten wissen, *wie* Sie es

Zu dritt im Grünen... und zwar auf andere Art:
Fahrspaß für Adiemus, Thorsten und Kathrin.

Step by Step

Der Einstieg

+ Arbeiten Sie Ihr Pferd normal an der Doppellonge im eingefriedeten Zirkel im Schritt.

+ Gehen Sie, während Sie die Leinen in großen Schlaufen aufnehmen, auf der inneren Kreislinie mit Ihrem Pferd mit.

+ Lassen Sie sich weiter zurückfallen, bis Sie erst seitlich versetzt neben, dann ganz hinter Ihrem Pferd gehen. Auch wenn Sie damit aus seinem Gesichtsfeld geraten, zeigen doch die meisten Pferde, die diese Art des Fahrens so kennen lernen, weder Unwillen noch Angst.

+ Kehren Sie nach wenigen Schritten wieder nach innen in die Zirkelmitte zurück und arbeiten wie gehabt weiter.

+ Wiederholen Sie diese Übung oft und fahren Ihr Pferd immer häufiger auf der ihm vertrauten Zirkellinie im gleichmäßigen Schritt, ohne zu trödeln.

+ Wird es zu langsam, sollte ein leichtes Zungenschnalzen zum Verstärken des Tempos genügen. Nur falls dies nicht ausreicht, berühren Sie seine Kruppe mit der Longierpeitsche

Einfahren vom Boden

1/5

3

2/4

2

1/5

4

3

Durch kurzzeitiges Verlassen des Gesichtsfeldes des Pferdes gewöhnen Sie es an den hinterher laufenden Fahrer. Anfangs treten Sie immer wieder in das Gesichtsfeld des Pferdes zurück.
(Die Nummern in der Grafik geben jeweils die Position von Longenführer und Pferd an.)

machen. Tatsächlich tun Sie es längst. Denn das Fahren vom Boden ist eine Fortführung der Doppellongenarbeit. Nur

stehen Sie nicht in der Zirkelmitte, sondern gehen im Sicherheitsabstand von zwei Metern hinter Ihrem Pferd. Da Sie aber an der Doppellonge bereits »in Position« gearbeitet haben, also seitlich versetzt neben Ihrem Pferd gegangen sind, wird Ihnen der nächste Schritt nicht schwerer fallen (schauen Sie dazu die obere Grafik »Einfahren vom Boden« an).

Auch Touchieren will gelernt sein

Solange Sie in der Zirkelmitte stehen oder seitlich versetzt neben dem Pferd gehen, sieht es (und sei es aus den Augenwinkeln) das Heben und Senken der Peitsche. In Verbindung mit Ihren Stimmhilfen ist ihm dieses optische Signal sehr gut vertraut. Beim Fahren aber gehen Sie ganz hinter dem Pferd. Es kann die Longierpeitsche nicht mehr sehen. Tritt es auf Ihr Stimmkommando nicht an oder trödelt es herum, touchieren (berühren) Sie es erst ein, dann (nur) ein zweites Mal sanft mit der Peitsche. Dazu nehmen Sie sie so in die Hand, dass Sie zugleich Peitschengriff und das Ende des Peitschenschlags halten (wenn Sie an einem Tag nur »fahren« wollen, wickeln Sie den Schlag um den Stab und knoten ihn fest. Das ist praktischer). Reagiert Ihr Pferd auf diese zwei *feinen* Hilfen nicht, muss Ihre dritte Aufforderung von einer *spürbaren* Peitschenhilfe begleitet werden. Ihr Kamerad darf sich keine Unaufmerksamkeit angewöhnen! *Ein* spürbarer Klaps ist wirkungsvoller als ständiges mildes Herumklappen. Er »weckt« Ihr Pferd so auf, dass es sich künftig wieder auf Sie konzentriert. Danach arbeiten Sie sofort wieder mit feinsten Hilfen weiter.

Erste Fahrübungen

Nach den ersten Runden im Longierzirkel üben Sie das Durchparieren zum Halten. Das muss später immer und überall problemlos klappen und ist ein wichtiger Sicherheitsfaktor! Nehmen Sie die Leinen auf und geben Sie das Ihrem Pferd vertraute Stimmkommando. Wichtig: Geben Sie sofort mit den Leinen nach, sobald es stehen bleibt. So vermeiden Sie, dass es sich im Hals fest macht oder unaufgefordert rückwärts tritt. Bei durchhängenden Leinen darf das Pferd nun stillstehen und tritt erst auf Ihr Kommando (Stimmhilfe, nur wenn notwendig Touchieren der Hinterhand) wieder an. Jetzt fangen Sie an, Ihr Pferd durch den Zirkel zu wechseln und später auch größere Volten zu fahren.

Damit das Üben noch mehr Spaß macht, stellen Sie wieder kleine Hindernisse in Abständen auf: mit Sand oder Wasser gefüllte Kunststoffkanister, Cavaletti, bunte Regentonnen. Sie sind optische Bezugspunkte, an denen sich Ihr Pferd gern orientiert, und erleichtern so das Fahren von Volten, Achten und Schlangenlinien. Auch das Rückwärtsrichten lässt sich in einer aus Kanistern oder Cavaletti aufgebauten Gasse leichter trainieren.

Locker im Jog-Trab!

Gar nicht lange und die Fahrübungen im Zirkel im Schritt sitzen. Jetzt dürfen Sie Ihr Pferd auch einmal zum Trab auffordern – Jog-Trab ist angesagt! Auf der Kreislinie lässt sich das Tempo gut kontrollieren. Bei dieser Geschwindigkeit können Sie problemlos mitlaufen. Bei schnelleren Tempi besteht die Gefahr, dass Sie nicht mithalten können und ständig bremsend in die Leinen fallen. Das sollten Sie unter allen Umständen vermeiden, wenn Sie die Feinfühligkeit des weichen Pferdemauls erhalten wollen!

Kleine Hindernisse? Für Adiemus und Thorsten natürlich kein Problem!

1 Pas de deux nebeneinander auf dem Platz ...
2 Und dann in Gegenrichtung aneinander vorbei.
3 ... Und zuletzt tauscht man noch ein paar Geheimnisse aus.

Fahrspaß mit Gleichgesinnten

Jetzt dürfen Sie sich auch in andere »Gefilde« – sprich: die Rechteckbahn – wagen. Die größeren Abmessungen ermöglichen Ihnen über die vertrauten Grundübungen hinaus auch große Volten, Schlangenlinien, »aus dem Zirkel wechseln«

Step by Step

Rückwärtsrichten

+ Fordern Sie Ihr Pferd zum Antreten auf, »versperren« ihm aber der Weg nach vorne durch leichtes Annehmen der Leinen.

+ Reagiert es darauf und geht ein oder zwei Schritte rückwärts, lassen Sie es sofort wieder in Ruhe. Die Übung darf niemals in ein Zerren an den Leinen ausarten!

+ Klappt es nicht, bitten Sie einen Helfer in die Bahn. Er nimmt die Leinen und fordert das Pferd durch behutsame Zügelhilfen zum Rückwärtstreten auf.

+ Gleichzeitig tippen Sie vorn mit der Gerte an die Brust Ihres Pferdes. Das hilft ihm, die Aufgabe besser zu verstehen.

+ Lassen Sie Ihr Pferd immer nur drei bis vier Tritte rückwärts richten. Danach sofort mit den Leinen nachgeben und das Pferd stillstehen lassen. So versteht es das Rückwärtsrichten als Übung und nicht als Strafe!

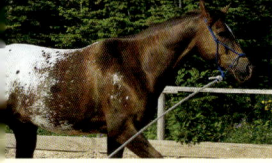

und »aus der Ecke kehrt«. Beinah jede Hufschlagfigur lässt sich hier gewichtslos erarbeiten! Schön, wenn es Ihnen gelingt, Ihre Mit(st)reiter in der Stall- oder Vereinsanlage zum Mitmachen anzuregen (vielleicht ziehen Sie ja alle gemeinsam das Bodenarbeits-Programm durch). Gemeinsam mit anderen Fahrteams können Sie neue Ideen ausprobieren: beispielsweise paarweise verschiedene Hufschlagfiguren fahren. Treiben oder halten Sie behutsam zurück, damit auch Pferde mit unterschiedlichem Gangmaß schön nebeneinander bleiben. Oder fahren Sie in Gegenrichtung aneinander vorbei. Wie bei einer Reitquadrille können Sie die Lektionen immer anspruchsvoller gestalten – je nach Anzahl Ihrer »Mitfahrer«.

Raus ins Grüne...

Ein Spaziergang gefällig, wenn alles grünt und blüht? Natürlich – und künftig mit dem Pferd vorneweg. Nur auf eingefriedeten Bahnen zu »fahren« hieße, wunderschöne Gelegenheiten, sich gemeinsam zu bewegen, zu verschenken! Anfangs

Macht unverkennbar Spaß: Der erste Ausflug durchs Gelände.

bitte nicht solo, sondern mit einem Menschen, der ein bisschen Pferdeverstand (und keine Angst) hat und die »Sicherheitsleine« (eine zusätzliche Longe) in der Hand hält (lesen Sie dazu den Kasten nebenan). Denn während Sie in Ihrer Reitanlage kaum mit Überraschungen rechnen müssen und auch Hilfe herbeirufen können, sind Sie unterwegs in freier Landschaft auf sich gestellt. Genau so wie bei einem Ausritt. Auch wenn Sie Ihre Ausflüge umsichtig planen, werden Sie unweigerlich eines Tages – salopp ausgedrückt – Begegnungen der »anderen Art« haben: mit Mähmaschinen, Treckern, Skateboardfahrern und Nordic Walkern. Vorteil: Sie sitzen nicht im Sattel und können demnach nicht herunterfallen. Nachteil: Ihr Pferd steht zwei Meter vor Ihnen und könnte davonstürmen. Gegen 500 Kilogramm geballte Panik haben Sie keine Chance! Was jetzt zählt, sind Vertrauen und Gewohnheit. Ein in der Longenarbeit routiniertes Pferd wird im schlimmsten Fall hektisch um Sie herumkreisen, aber selten versuchen, sich loszureißen. Fangen Sie mit Minirunden an, steigern Sie Länge und Schwierigkeitsgrad Ihrer Ausflüge be-

Tipp

+ Fragen Sie auch einmal nach, ob Sie es in der Reitbahn fahren dürfen, während andere *Reiter* (im Sattel) hier trainieren. Dabei lernt Ihr Pferd, sich ausschließlich auf Sie als Fahrer zu konzentrieren und sich nicht von den anderen Pferden ablenken zu lassen.

+ Und natürlich beziehen Sie auch bald die gesamte Reitanlage in Ihre Fahrübungen ein! Umrunden Sie Ställe, Paddocks, Halle und Reitbahnen. Lassen Sie Ihr Pferd zwischendurch stillstehen und schauen – das fördert Gelassenheit *und* Gehorsam.

hutsam und haben Sie Ihr Handy dabei. Auch allein klinken Sie eine »Sicherheitslonge« ein und nehmen sie zusätzlich in die linke Hand.

Geraten Sie in eine wirklich brenzlige Situation, halten Sie Ihr Pferd *nicht* mit aller Kraft mit beiden Doppellonge-Leinen zu-

rück. Lassen Sie die Leinen los, halten Sie Ihr Pferd ausschließlich mit der Sicherheitslonge und versuchen, es mit der Stimme zu beruhigen. So können sich die Leinen zwar auf dem Boden verwirren, aber nicht um den Pferdekörper wickeln und Ihr Pferd zusätzlich in Panik versetzen!

Der richtige Helfer ist Gold wert

»Ach, wär' jetzt jemand da, der mir helfen könnte …!« Ein Stoßseufzer, der jedem von uns schon über die Lippen gekommen ist. Auch im Pferdestall und beim Training. Natürlich wollen wir alle von Zeit zu Zeit mal ungestört in der Bahn arbeiten oder allein ausreiten. Aber meist bringt doch alles mit einem netten Menschen, der mitmacht oder zuschaut, mehr Spaß als allein herumzuwursteln. Und schon aus Gründen der Sicherheit ist eine helfende Hand willkommen. Bei der Doppellongenarbeit und beim Fahren auf jeden Fall. Achten Sie mal auf die Reaktionen Ihres Pferdes,

wenn mehrere Menschen in seiner Nähe sind, zum Beispiel am Putzplatz. Viele Pferde, die sonst zu Nervosität neigen, sind dann deutlich entspannter. Sie fühlen sich besser beschützt, wenngleich die »Herde« jetzt aus Zweibeinern besteht. Auch Sie fühlen sich sicherer, weil Sie wissen: Falls irgendetwas passiert, ist sofort Hilfe da! Ob Sie nun das erste Mal auf die große Rechteckbahn gehen, eine Runde durch die Reitanlage drehen oder einen Ausflug ins Gelände machen möchten: Motivieren Sie einen netten Menschen mitzugehen. Klinken Sie eine normale Longe in den geschlossenen Kinnriemen des Reithalfters (bei einem gelassenen Pferd) oder in den linken Trensenring und zugleich in die linke Öse des Reithalfter-Nasenriemens (bei einem etwas temperamentvolleren Gesellen). Führen Sie die Longe *nicht* durch den Longiergurtring oder quergestellten Steigbügel. Ihr Helfer nimmt sie direkt in die (behandschuhte!) Hand. Damit kann er Ihr Pferd erst einmal ganz normal führen. Gleichzeitig übernehmen Sie mit den Leinen der Doppellonge die Hilfengebung. Jetzt lässt sich Ihr Helfer allmählich zurückfallen, bis er mit leicht durchhängender Longe neben Ihnen geht. Wird das Pferd unruhig oder müssen Sie an einem Hindernis vorbei, fasst er die Longe wieder kürzer, geht nach vorn und beruhigt das Pferd. Und wird es doch einmal heftig, haben Sie eine zusätzliche Hand, die mit zupacken und es halten kann.

Frei arbeit

Frei sein... kaum ein Gedanke bewegt die Gemüter
der Menschen mehr. Frei möchten wir unsere Entscheidungen
treffen, uns frei bewegen, wohin wir auch gehen.
Und was könnte beglückender sein, als wenn
Ihr Pferd aus freiem Willen heraus entscheidet,
zu Ihnen zu kommen? Wenn kein sicht- und fühlbarer
Strick mehr notwendig ist, um es zu halten und zu lenken?
Und das Band zwischen Ihnen und ihm uns nur
noch aus Vertrauen und Freundschaft bestehen würde...

Das **Geheimnis** der Pferdeflüsterer lässt sich **lüften!**

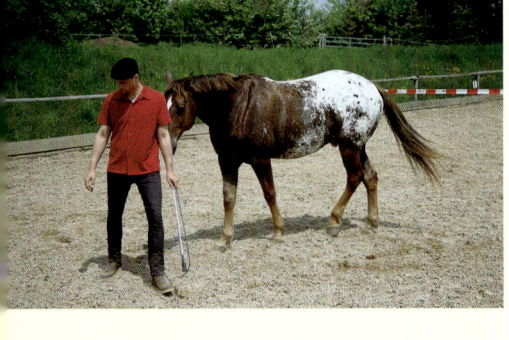

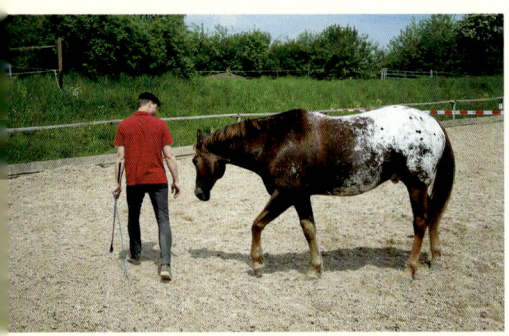

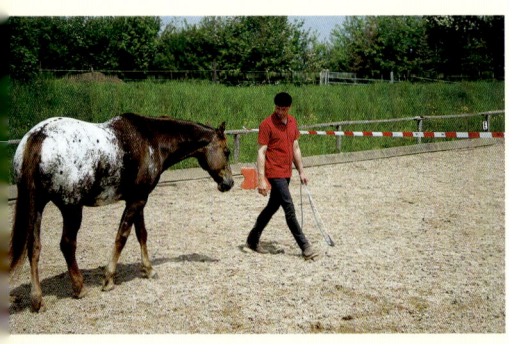

Gleich vorweg: Sie brauchen kein teures Geld für einen Kurs im Pferdeflüstern auszugeben: *Ihr* Pferd wird Ihnen frei laufend im eingefriedeten Zirkel genau so folgen oder weichen wie einem Showstar, der dafür bei einer Abendveranstaltung locker ein paar tausend Euro kassiert. Der Unterschied: Ihr Pferd wird Ihnen weiterhin Freude machen – das ungebärdige Pferd hingegen, das der Pferdeguru vor verblüfften Zuschauern »zähmt«, wird sich daheim wieder genau so problematisch verhalten wie vor der spektakulären Show. Anders als Sie hat *sein* Besitzer es nämlich versäumt, geduldig und *systematisch* Respekt, Gehorsam und Vertrauen aufzubauen. Das Geheimnis des Pferdeflüsterers ist nämlich in

....

Gar kein Zweifel: Henning ist das Leittier... und Midi folgt ihm bedingungslos!

....

Wahrheit keines. Er dominiert das Pferd lediglich: In einem engen begrenzten Raum verhält er sich wie ein starkes Leittier – und das Flucht- und Herdentier Pferd ordnet sich ihm unter, weil es keine Chance sieht zu fliehen oder in einem Kampf zu gewinnen. Sein Überlebenstrieb befiehlt ihm: »Tu, was er sagt!«

Auf einer einen Hektar großen Wiese hingegen könnte der Pferdeflüsterer noch so herumzaubern: Das gleiche Pferd würde »... und tschüs!« sagen und in der Ferne verschwinden. *Sie* hingegen treten ans Weidetor, pfeifen oder rufen, und Ihr vierbeiniger Freund kommt freudig herbeigaloppiert.

... und so machen Sie es!

Ganz bewusst steht das Kapitel »Freiarbeit« *nach* den Anleitungen zum Führen und Longieren. Mit den in diesen Kapiteln beschriebenen Übungen haben Sie Ihr Pferd nämlich bereits gelehrt, Sie als Leitpferd anzuerkennen, Ihnen zu gehorchen und zu vertrauen. Sie selbst sind fit in der Körpersprache und so selbstsicher, dass Sie ihm – sollte es doch einmal aufmüpfen – souverän seine Grenzen aufzeigen können. Wenn Sie dazu beachten, wo Sie üben und was Sie mit der jeweiligen Übung erreichen möchten, haben Sie alle Voraussetzungen für erfolgreiche Freiarbeit erfüllt. Der Trick, mit dem Sie sich und Ihrem Pferd den Einstieg erleichtern: Sie absolvieren die gleichen Übungen wie an der einfachen Longe, nur dass Sie die Longe nach kurzer Zeit fortlassen. Ihr Pferd kennt diese Form des Trainings aus dem Effeff... und nimmt den Unterschied nur als belanglos wahr. Später können Sie dann entscheiden, ob Ihr Pferd bei der Freiarbeit mit Halfter oder kompletter Longierausrüstung »gekleidet«

sein soll oder nicht. Das wird auch von den Gegebenheiten abhängen ... vielleicht möchten Sie hinterher reiten? Wechseln Sie einfach ab. Die Übungen bleiben jedoch die gleichen, nur sehen sie mit dem völlig nackten Pferd natürlich zirzensischer und zugleich lockerer und spielerischer aus.

Bei der Freiarbeit hängt das Gelingen stark von der Größe des Raumes ab, in dem Sie trainieren. Er muss so groß sein, dass Ihr Pferd sich nicht von Ihnen bedrängt fühlt, und so klein, dass es sich Ihren treibenden oder verwahrenden (körpersprachlichen) Hilfen nicht entziehen kann. Das beugt Angst ebenso wie Widersetzlichkeit vor. Wie beim Longieren üben Sie daher bitte nur in einem eingefriedeten Longierzirkel. Oder Sie trennen eine große Rechteckbahn durch ein Seil oder Bauband, das Sie an Springständern befestigen, in der Mitte ab (Diese Befestigung muss aber fürs Pferd sichtbar und so konzipiert sein, dass es sich nicht daran mit dem Körper oder der Ausrüstung verfangen kann. Bitte schließen Sie trotzdem das Hallen- oder Platztor ... ein gewitztes Pferd mit Springerfahrung könnte bei dieser schlichten Absperrung irgendwann entscheiden, dass es nun genug des Übens sei und sich in Richtung Ausgang verabschieden ...

Ein Wort zum Thema Körpersprache

Sie wissen mittlerweile, wie genau Ihr Pferd Ihren Körper beobachtet. Trotzdem haben Sie beim Longieren nach und nach immer weniger Ihre Körpersprache, dafür mehr Ihre Stimme und die Longierpeitsche eingesetzt. Bei der Freiarbeit konzentrieren Sie sich wieder mehr auf Ihren Körper. Denn anders als mit der Longe können Sie nun keine Zupfsignale mehr geben, die Ihr Pferd am Kopf oder im Maul spürt und die seine Aufmerksamkeit wecken oder erhalten. Wichtig ist Folgendes:

• Sie müssen – im wörtlichen und übertragenen Sinn – standfest sein und diese Sicherheit auch Ihrem Pferd übermitteln. Sicher heißt nicht, fest und unverrückbar zu stehen, sondern elastisch und reaktionsschnell zu bleiben. Lockern Sie Ihren Körper, wippen Sie auf den Fußspitzen auf und nieder und federn Sie aus den Hüften heraus. So bringen Sie Ihr Becken in eine Position, in der Sie sich standfest, aber auch elastisch fühlen. Vergessen Sie (auch wenn es schwer fällt) Ihre Eitelkeit und ziehen Sie den Bauch nicht ein!

Für Midi kaum ein Unterschied: Wenn's an der Longe klappt, geht es auch ohne Verbindungsseil.

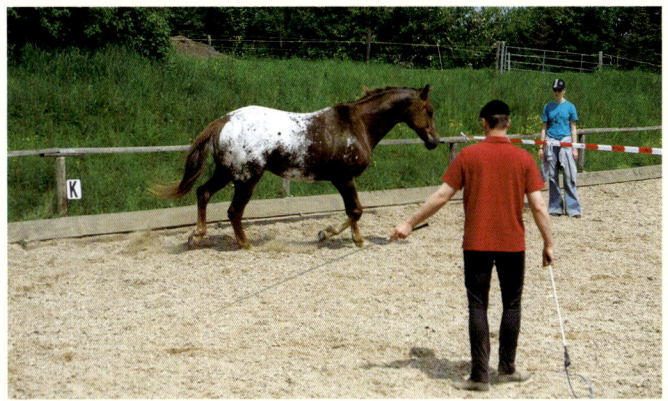

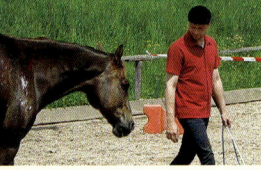

- Achten Sie auf Ihre Hände und lassen Sie sie immer in Höhe Ihrer Oberschenkel, auch mit Longierpeitsche in der Hand. Falls Sie sich dabei ertappen, dass Ihre Hände hochschnellen, senken Sie sie bewusst. Damit beruhigen Sie nicht nur Ihr Pferd, sondern auch sich selbst.
- Wenn Sie bei der Freiarbeit gehen, tun Sie es in dem Bewusstsein: »Ich beschütze dich – du darfst mir vertrauen!« So entspannt und zugleich souverän, wie Sie stehen, sollten Sie auch gehen.

Wenden auf neue Art

Keine Angst: Bei der Freiarbeit gelingt das Wenden viel leichter, weil Sie sich ganz auf Ihre Körpersprache und die richtige Peitschenführung konzentrieren können. Lassen Sie Ihr Pferd auf der linken Hand gehen. Falls Sie mit einer Longierpeitsche arbeiten, wechseln Sie nun die Peitsche hinter Ihrem Rücken in die linke Hand. Benutzen Sie zwei Longierpeitschen, senken Sie die Peitsche in der rechten Hand und bringen Sie sie in die neutrale Position knapp über dem Boden

....

Henning und Midi im vertrauten Zwiegespräch – wer bedankt sich hier bei wem?

....

Step by Step
Die erste Übung

+ Ziehen Sie Ihrem Pferd ein Halfter an und nehmen Sie Longe oder Longierseil und Longierpeitsche wie für die einfache Longenarbeit. Wenn Sie möchten, können Sie es auch mit Trense, Longiergurt oder Sattel und Ausbindern ausrüsten. Gehen Sie mit ihm auf den eingefriedeten Longierzirkel oder in die halbierte Reitbahn.

+ Beginnen Sie die Übungseinheit mit ganz normaler Longenarbeit: Lösen im Schritt, Anhalten, Wenden, Rückwärtsrichten und ein paar Runden im lockeren Trab. Dann halten Sie Ihr Pferd auf dem Hufschlag an, lassen es stillstehen, klinken die Longe aus und kehren zur Zirkelmitte zurück.

+ Jetzt arbeiten Sie fast wie gehabt weiter: Antreten, Schritt, Anhalten, Rückwärtsrichten, Jog-Trab... nur mit dem Unterschied, dass Sie in Ihrer inneren Hand keine Longe mehr halten. Für Ihr Pferd macht das so gut wie keinen Unterschied – es orientiert sich weiterhin zum einen an der äußeren Einfriedung (die ihm die Kreislinie vorgibt) und zum zweiten an Ihrer Stimme, der Peitsche und Ihrer Körperhaltung.

+ Eines machen Sie allerdings zunächst etwas anders: Zum Wenden lassen Sie Ihr Pferd auf der Zirkellinie stillstehen, gehen zu ihm und wenden es an der Hand.

und heben die Peitsche in der linken Hand. Verlassen Sie den Mittelpunkt des Zirkels und gehen Sie in einem kleinen Bogen von links vorn auf Ihr Pferd zu. So schneiden Sie ihm den Weg ab und veranlassen es zu einer Kehrtvolte nach innen zur Zirkelmitte hin. Dann gehen Sie wieder auf den Mittelpunkt des Zirkels zu, richten die Peitsche auf seine Schulter und treiben es so behutsam wieder auf den Hufschlag hinaus. Es geht nun auf der rechten Hand. Wiederholen Sie diese Übung einige Male nach beiden Seiten. Sie werden staunen, wie schnell Ihr Pferd versteht, was Sie von ihm möchten!

Führen ohne Führstrick

Was wir ganz lapidar Führen ohne Strick nennen, heißt in der Sprache der Pferdeflüsterer »Follow up«. Das hört sich spektakulärer an – und die Damen und Herren müssen ja auch etwas bieten für Ihr Geld! Aber: Es ist auch beeindruckend, denn es ist tatsächlich eine Art Prüfstein. Auch für Ihr Verhältnis zum Pferd, besser gesagt: seines zu Ihnen. Mit dieser Übung testen Sie, wie es um Ihre Ausstrahlung als Leitpferd bestellt ist. Nicht nur Ihr vierbeiniger Freund, auch jedes andere Pferd wird Ihnen in einem eingefriedeten Zirkel folgen, wohin immer Sie gehen, wenn Sie wie ein Leitpferd wirken – auch wenn Sie die unmöglichsten Schlangenlinien durch die kleine Bahn ziehen. Es scheint, als seien Sie und das Pferd durch eine unsichtbaren Nabelschnur miteinander verbunden!

Arbeit durch und über kleine Hindernisse

Viel Spaß machen auch Übungen mit kleinen Hindernissen. Aus Stangen, Cavaletti, Tonnen, Kanistern oder Plastikcontainern (bitte auf bruchfestes Material achten!) lassen sich die unterschiedlichsten Gassen oder Labyrinthe bauen, durch die Sie Ihr Pferd ohne Führstrick führen, wenden und rückwärts

schicken. Oder Sie legen auf dem Hufschlag Cavaletti aus und führen Ihr Pferd ohne Strick darüber. Danach vergrößern Sie allmählich den Abstand, bis Sie es wie beim Longieren ohne Longe aus der Entfernung darüber schicken können.

Step by Step

Follow up

+ Stellen Sie sich seitlich vor Ihr Pferd und heben den Zeigefinger nach dem Motto »Pass schön auf!« Dieser kleine Trick hilft Ihnen, die Aufmerksamkeit des Pferdes zu fixieren. Schnalzen Sie, damit es antritt.

+ Treten Sie selbst ebenfalls zügig an. Mit dem erhobenen Zeigefinger ziehen Sie Ihr Pferd wie an einem unsichtbaren Faden hinter sich her.

+ Schauen Sie es möglichst *nicht* an (auch wenn es schwer fällt! Aber genau das ist echtes Leitpferdeverhalten. Ein Leitpferd schaut sich *niemals* nach seinen Herdenmitgliedern um. Es ist sich absolut sicher, dass sie ihm folgen).

+ Gehen Sie erst eine Weile auf dem Hufschlag, dann beschreiben Sie kleine Kreise, Schlangenlinien und Achten.

+ Da Sie sich ja nicht umschauen (wollen... dürfen...), versuchen Sie zu erspüren, wann die Aufmerksamkeit Ihres Pferdes nachlässt. Beenden Sie die Übung vorher! Halten Sie Ihr Pferd mit dem Signal zum Anhalten an, lassen es stillstehen und loben es!

Anti-Scheu-Training:
Wie nehme ich meinem Pferd die Angst?

Angst ... sie kann lähmen, aber auch ungeahnte Kräfte freisetzen.
Sie hilft uns zu überleben, denn sie warnt vor Gefahren.
Als Fluchttier hat das Pferd mehr Angst als ein Raubtier.
Denn alles Ungewöhnliche, das es in seinem Umfeld wahrnimmt,
könnte sich als lebensgefährlich erweisen.
Also muss es möglichst schnell darauf reagieren und fliehen
oder sich dem Kampf stellen. In der freien Wildbahn hat dieses Verhalten
seinen Sinn – in unserer modernen Menschenwelt bringt
das Pferd jedoch sich und uns damit in höchst kritische Situationen.
Dann hilft die Angst nicht zu überleben, sondern kann Leben zerstören.
Also ist es Ihre Aufgabe, Ihrem Pferd diese Angst zu nehmen
und ihm aufzuzeigen, dass ihm in Ihrer Gegenwart nichts Böses geschieht.

Ran ans Pferd –
nach der Distanz
nun die Nähe

Durch dick und dünn soll es mit Ihnen gehen, Ihr Pferd. Dabei denken Sie – ganz pragmatisch – auch an Landstraßen und Autobahnunterführungen. An die Begegnung mit Traktoren und Sattelschleppern. Eines sollte Ihr Pferd dann nicht tun: scheuen oder gar durchgehen. Gut, wenn man das trainieren könnte. Aber heißt Anti-Scheu-Training deshalb, dass Sie es nun an einen Pflock binden und so lange mit ungewohnten Gegenständen traktieren (… manche Pferdeflüsterer, wird gemunkelt, sollen dies hinter verschlossenen Toren tun…), bis es sich in sein Schicksal ergibt? Natürlich nicht!

Sie wollen keinen Roboter aus ihm machen. Sie könnten es selbstverständlich auch daran gewöhnen, Luftballons, Skateboarder und Motorräder zu ignorieren – ganz einfach, indem Sie es wieder und wieder damit konfrontieren, bis es sich daran gewöhnt hat. Gewöhnung ist ebenfalls *ein* Weg, etwas zu lernen. Leider haben Sie im Pferdestall aber keine Sattelschlepper zum Angewöhnen parat. Trotzdem wünschen Sie sich gelassenes Pferd, das in *jeder* Lage gehorcht und kontrollierbar bleibt. Am besten wäre es, wenn es einfach auf Ihren Schutz vertraute. Und das kann gelingen! Wenn Sie den

Step by Step Berührungsübungen

+ Binden Sie Ihr Pferd am vertrauten Putz- und Sattelplatz an und entfernen Sie sich nur so weit, dass Ihr Pferd sie noch gut sehen kann.

+ Hantieren Sie hier ausgiebig mit einer großen Plastiktüte. Wedeln und rascheln Sie damit herum, schwenken Sie sie hin und her.

+ Nähern Sie sich ihm langsam so weit, bis Sie eine erste Reaktion wahrnehmen. Dann gehen Sie wieder zurück, bringen die Tüte fort und putzen Ihr Pferd, als sei nichts geschehen.

+ Wiederholen Sie die Übung so oft, bis Ihr Pferd Sie mit der Tüte in seiner direkten Nähe duldet. Lassen

Sie es daran schnuppern und lecken und streichen Sie damit über Nüstern und Lippen.

+ Beginnen Sie, Hals und Pferdekörper mit der Tüte abzureiben, die Beine abzustreichen und auch den Bauch zu massieren.

+ Danach fahren Sie zurück über den Hals allmählich zum Kopf und hier zu Stirn und Nase hoch. Kraulen Sie Stirn, Kinn und Kehlgang.

+ Später nähern Sie sich auch den Ohren und ziehen die Tüte wie ein Kopftuch übers Genick Ihres Pferdes.

+ Zuletzt bedecken Sie damit auch seine Augen, während Sie es streicheln und loben.

anderen Weg – den Leitpferdeweg – gehen. Dann reagiert Ihr Pferd gelassen – nicht weil es sich an das Ungewöhnliche gewöhnt hat, sondern weil das Wissen, in Ihrem Beisein beschützt zu sein, stärker wiegt als die Angst.

Geborgen fühlt ein wildes Pferd sich bei seiner Mutter, seinem Freundes, seinem Leittier. Was diese Wesen besonders auszeichnet? Sie dürfen das Pferd überall berühren, ohne dass es dabei Angst empfindet. Auch Sie gehen nun näher ran an Ihr Pferd. Lehren Sie es, sich an allen Körperteilen von Ihnen berühren zu lassen – auch mit außergewöhnlichen Materialien: Plastiktüten, Felllappen, Kleidungsstücken, Nylonponchos oder großen bunten Decken.

Neugier knipst den Fluchtknopf aus

Alles, was Ihr Pferd erlebt, speichert es als Erfahrung ab und ordnet es in die Schubkästchen »gut« oder »böse« ein. Vieles, was es einfach nur erschreckt, ohne ihm wirklich Schmerz zuzufügen (der aufschnappende Regenschirm… der Rasenmäher, der plötzlich rasselnd anspringt…), wird nur aufgrund des Angstgefühls als gefährlich eingestuft. Doch wir leben in einer Welt voller unterschiedlicher Wahrnehmungsreize. Auf einige können Sie Ihr Pferd vorbereiten, aber sehr viele andere werden Ihnen unverhofft begegnen. Beim Anti-Scheu-Training geht es daher nicht bloß darum, Ihr Pferd mit vielen außergewöhnlichen Gegenständen vertraut zu machen. Noch wichtiger ist es, seine »Reizschwelle« insgesamt heraufzusetzen. Die Übungen zeigen ihm auf, dass die Welt der Menschen eigentlich harmlos ist, auch wenn es darin rattert, zischt und dröhnt. Das klappt am besten nach dem »Prinzip der Freiwilligkeit«: Ihr Pferd darf selbst über

Ihr Pferd wird Ihnen umso mehr vertrauen, je häufiger Sie ihm die Erfahrung gestatten, dass das, was Sie mit ihm tun, angenehm ist und wohl tut.

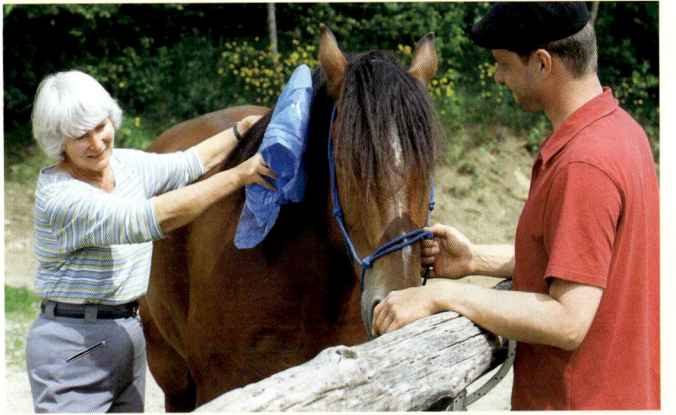

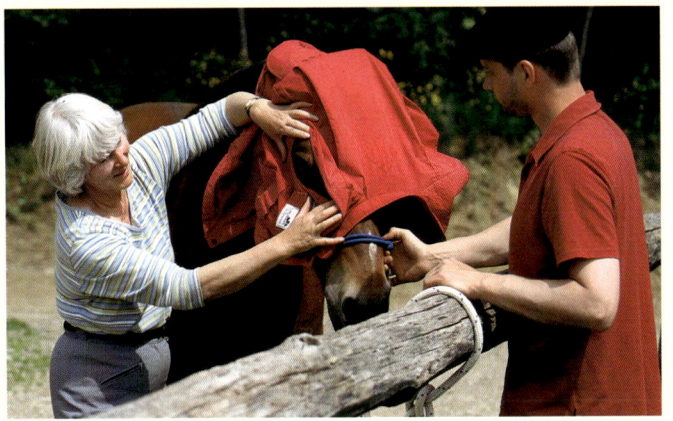

den Zeitpunkt entscheiden, an dem es sich dem ungewohnten Objekt nähert. Der Schlüssel zum Erfolg ist dabei seine ihm angeborene Neugier, vor allem wenn es beobachten kann, dass sein Leitpferd völlig unbeeindruckt bleibt.

Das Erstaunliche (und Erfreuliche) an dieser Methode: Ihr Pferd versteht das Grundprinzip (»Alles, was Frauchen oder Herrchen da heranschleppt, tut mir nicht weh.«) schnell. Das Anti-Scheu-Training wird zu einem fröhlichen Spiel, welches Ihr Pferd in seinem gelassenen Verhalten bestätigt und Sie als »Übungsleiter« zu kreativen Spielvarianten anregt. Im Prinzip könnten Sie Ihrem gesamten Hausrat in die Übungen einbeziehen – bis hin zur Wäscheleine mit wehenden Bettlaken. Halten Sie stets aber die Übungsfolge ein: Sie zeigen Ihrem Pferd Neues in vertrauter Umgebung, danach Vertrautes in neuer Umgebung. Damit schaffen Sie eine Denkbrücke, die es ihm erleichtert, auch Neues in neuer Umgebung an Ihrer Seite gelassen zu akzeptieren.

Tipp

+ Kombinieren Sie verschiedene Wahrnehmungsreize miteinander. Üben Sie mit Dingen, die Ihr Pferd nicht nur durch ihre Silhouette, sondern auch außergewöhnliche Geräusche oder Bewegungen verunsichern könnten.

+ Oder kreieren Sie »Schrecknisse«, die Ihr Pferd überqueren oder unter denen es laufen soll: auf den Boden ausgelegte Plastikplanen, ein Torbogen, behangen mit Flatterbändern, eine Metallplatte zum Drüberlaufen… Sie werden später bei Ihren Reitausflügen zwar nicht den gleichen Scheuauslösern begegnen. Aber viele Reize ähneln den daheim geübten Situationen und werden von Ihrem Pferd wiedererkannt und als harmlos eingestuft.

Betrachten, beschnuppern, führen und berühren

+ Lassen Sie Ihr Pferd »nackt« oder nur mit Halfter auf einem vertrauten, eingefriedeten Platz frei laufen.

+ Bringen Sie einen ungewöhnlichen Gegenstand – Plastikplane, Automatikschirm, Luftballon – auf den Platz und hantieren in großem Abstand und möglichst auffällig damit herum. So kann es beobachten, dass Ihnen das Ding offenbar nichts zuleide tut.

+ Warten Sie geduldig, bis Ihr Pferd von sich aus näher kommt. Ein Trick: Verzehren Sie dabei geräuschvoll einen Apfel oder eine Möhre.

+ Lassen Sie es das »Ding« ausgiebig beschnuppern. Das ist der beste Weg, es von seiner Harmlosigkeit zu überzeugen.

+ Gehen Sie mit dem »Ding« hin und her und animieren Sie Ihr Pferd, Ihnen zu folgen. Bleibt es ruhig, führen Sie es mit dem Ding in der Hand.

+ Als nächstes berühren Sie es damit – an Hals, Körper, Beinen und Kopf.

+ Dann legen Sie das »Ding« irgendwo auf dem Platz ab und führen Ihr Pferd viele Male daran vorbei. Es dürfte keinerlei Anzeichen von Angst mehr zeigen.

+ Später zeigen Sie ihm dasselbe Objekt in einer anderen Umgebung: einem entfernten Bereich der Reitanlage oder einer Weide.

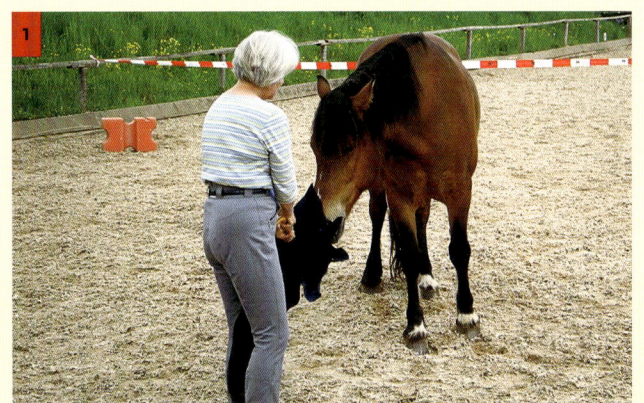

Mit Optimismus nach vorn schauen...

Erinnern Sie sich an die Frage am Anfang dieses Buches: Haben Sie schon mal von Bodenarbeit gehört? Nun, heute ist Bodenarbeit längst kein Buch mit sieben Siegeln mehr, weder für Sie noch Ihr Pferd. Im Gegenteil: Gemeinsam haben Sie eine neue Welt entdeckt. Sie können sich heute besser denn je in das Flucht- und Herdentier, das Ihr Pferd ist und immer bleiben wird, hineinversetzen. Ihr Pferd wiederum hat gelernt, dass es auch zweibeinige Leittiere gibt, die es respektieren und denen es vertrauen kann. Auf bestmögliche Weise haben Sie es damit nun auch auf seine Aufgabe als Reitpferd vorbereitet. Jetzt dürfen Sie munter zwischen den einzelnen Bodenarbeitselementen hin und her wechseln und sie in Ihren normalen Reitalltag einbauen – je nach Lust, Gelegenheit und Laune, allein oder mit Freunden, in der Reitanlage oder draußen in freier Landschaft. Und falls es mal bei einer Übung nicht so klappt, wie Sie sich das vorgestellt haben, denken Sie daran: Jeder hat hin und wieder einen schlechten Tag. Machen Sie aus Zwischenfällen kein Drama. Versuchen Sie, »Ihr Gesicht zu wahren«, indem Sie unerschütterlich ruhig bleiben. Suchen Sie einen möglichen Fehler erst bei sich und dann erst beim Pferd. Und verzeihen Sie ihm: Ihr Pferd ist ein Fluchttier und wird es sein Leben lang bleiben. Es muss auf alles, was es sieht, hört, riecht, schmeckt oder fühlt, mit Aufmerksamkeit reagieren. Wären seine Urururahnen nicht vor Millionen von Jahren vorsichtig genug gewesen, gäbe es heute sowohl Askhan als auch Samantha nicht. Die Gattung Pferd hat nur überlebt, weil sie gelernt hat, auf ihre Angst zu hören und jeder Gefahr – der echten ebenso wie der vermeintlichen – auszuweichen. Dieses Verhalten ist zu loben und nicht zu bestrafen! Das Pferd ist nicht böse, nur weil der Mensch sich in sein »Vorsicht-vor-dem-Säbelzahntiger«-Denken nicht hineinversetzen kann. Nicht das Pferd macht Probleme, sondern der Mensch hat ein Problem damit, die Natur des Pferdes zu verstehen. Aber natürlich sind auch Menschen im Allgemeinen nicht böse. Sondern nur noch ein bisschen unwissend. Doch das lässt sich zum Glück ja ändern...

Bleiben Sie aber auch stets zuversichtlich: Beim nächsten Mal fällt es Ihrem Pferd sicher wieder ganz leicht, sich an Ihrem Leitpferdeverhalten zu orientieren. Vor allem aber: Setzen Sie weder sich noch Ihr Pferd unter Druck. Denn ganz gleichgültig, wie viele Wochen oder Monate vergangen sind, seit Sie zum ersten Mal nicht nur über Bodenarbeit gelesen oder nachgedacht, sondern angefangen haben, mit Ihrem Pferd zu üben: Die Zeit spielt gar keine Rolle – weder bei der Bodenarbeit noch beim Reiten oder, falls Sie Ihr Pferd auch einmal anspannen wollen, beim Fahren. Im Zusammensein mit Ihrem Pferd ist der Weg zugleich das Ziel! Fragen Sie sich daher stattdessen ruhig öfters: Wie viel mehr Freude macht mir die Arbeit mit meinem Pferd, seit ich mit ihm auch am Boden übe? Vielleicht sind es ganz kleine, aber dennoch merkbare Veränderungen, die Sie berühren – vielleicht sind es aber hin und wieder auch regelrechte »Wow, das war ja super!«-Erlebnisse, die Sie vor Begeisterung übersprudeln lassen.

Freuen Sie sich: Sie haben guten Grund, mit demselben Optimismus weiter nach vorn zu schauen. Bodenarbeit ist eine Form der Beschäftigung, für die es keine Grenzen gibt. Sie ist und bleibt aktuell unabhängig von der Frage, ob und wie Sie Ihr Pferd reiten. In Ihrer Partnerschaft mit dem Pferd ist sie die Basis und das Herzstück zugleich. Machen Sie weiter... und haben Sie – alle beide natürlich! – Spaß dabei!

Register

Angst (vor dem Pferd) 17 f.
Anhalten 46 f.
Anti-Scheu-Training 61, 84 ff.
Antreten 46
Ausbindezügel 52, 53, 58 f., 63
   siehe auch Hilfszügel
Ausrüstung (Mensch) 26 f.

Bandagen 32 f.
Berührung, Wirkung der 31
Berührungsübungen 86 ff.
Blickfeld 15
Bodenarbeit (Def.) 12 f.
Boss-Verhalten 15

Cavaletti 70, 83
Chambon 62

Domestizierung 17
Dominanzprobleme 38
Doppellonge 55, 65 f.
  – Arbeit 65 ff.
  – Ausrüstung 66 ff.
  – Basislektionen 69
  – Befestigung 67
  – Hindernisse 70
  – Sicherheitsabstand 70
  – Übungsplatz 68 f.
Drohen 21

Einfangen (Pferd) 25
Einfriedung 30, 47, 58, 68, 80
Erziehung 13
Etappenziele 36

Fahren vom Boden 44, 70, 72 f.
  – Hindernisse 74
  – Rückwärtsrichten 75
  – Sicherheitslonge 76, 77
  – Touchieren 74
Fluchtdistanz 23, 24
Fluchttier Pferd 16 ff., 21, 30, 36,
  84, 91
Follow up 83
Freiarbeit 80 ff.
  – Körpersprache 81 f.
  – Wenden 82
Freiwilligkeits-Prinzip 88
Führkette 32
Führposition 45 f., 49
Führstrick 27, 32, 49
  – Haltung 46, 47
Führübungen 28, 44 ff.

Gamaschen 32 f.
Gehorsam 12, 36
Gelassenheit 41
Gerte 38, 39, 38
Gestik 21

Gogue 62
Grundausbildung 12
Guerinière (Rittmeister) 31
Gymnastizieren 52, 61, 70
  – Springen 70

Haken (Führstrick) 32
Halfter 77
Halsverlängerer 62
Halter 30, 31, 32, 53
Haltung, pferdegerechte 14, 19
Handschuhe 26, 27
Handy 77
Helm 27
Herdentier Pferd 15, 36, 39, 91
Hilfengebung 38, 52, 54 f.
  – widersprüchliche 69
Hilfszügel 61, 62
Horsemanship 19, 38
Hose 27

Individualzone 22 f., 25, 37, 38
Instinktverhalten 16

Kappzaum 31
Knack- und Schlüsselpunkte
  Klappe hinten
Kommandos 46, 55
Kommunikation 20, 22

92

Register

Konsequenz 10, 39, 40, 44
Konzentrationsprobleme 38
Kopfbedeckung 27
Körpersprache 21, 24 f., 49, 81

Leitpferd 15, 18, 37, 40 f., 46, 47, 80,
   83, 86 f., 91
Lernsituation 11, 28
Lernverhalten (Pferd) 13, 87
Longierbrille 58
Longieren 12, 49, 52 ff.
– Anhalten 55
– Ausrüstung 52, 58 f.
– Befestigung 58, 59, 61, 62
– Cavaletti 57
– Gangarten 56 f.
– Gurt 52, 59
– Hilfengebung 53 f.
– Rückwärtsrichten 55
– Trense 60
– Wenden 56
Longierpeitsche 28, 29, 54 f., 67 f.
Longierplatz 53
Lösen (Longe) 55

Mimik 20, 21
Motivation 11

Neugier 88

Partnerschaft Mensch-Pferd 14
Pferdeflüsterer 80, 86
Pferdetyp 41
Pluvinel, Antoine de 31, 50
Problempferde 18, 39
Proxemik 22 f.

Rangfolge 36, 38
Raubtier Mensch 17, 18
Reithalfter 58
Reizschwelle 87
Respekt 11, 39 f.
– Abstand 46
Rückentätigkeit 65
Rückwärtsrichten 47, 55

Schlaufzügel 62
Schlüsselpunkte Klappe hinten
Schmerz 21
Schuhe 26, 27
Seilhalfter 31
Sicherheitsabstand 70
Sicherheitslonge 76, 77
Signale 30 f.
Sitzkorrektur 65
Sprache 20 f.
Steigbügel 61
Stillstehübungen 26 ff., 39, 41
Stimme 20 f., 24

Strafe 29, 40, 47
   siehe auch Zurechtweisung
Strick siehe Führstrick

Temperament 41, 47
Touchieren 28
Trense 30, 31, 52, 60
Trittsicherheit 13

Übungsgelände 48 f.
Umgebung, unbekannte 48
Unarten korrigieren 10
Unterlegenheit 25
Unterwäsche 27

Verhaltensforschung 13
Verkehrssicherheit 37, 86
Verständigung 30
Vertrauen 11

Wehrverhalten 16
Wenden 47, 56

Zappelphilipp 38
Zäumung 30, 59
– gebisslose 30
Zögern 21
Zurechtweisung 40
   siehe auch Strafe

Literaturempfehlungen

Abdel-Kader, Dorothee: So lernen Pferde. Verhalten – Motivation – Praxis. BLV, München 2002

Diacont, Kerstin: Bodenarbeit mit Pferden. BLV, München 2001

Lange, Christine: Gelassenheit – Sicherheit für Pferd und Reiter. BLV, München 2004

Lange, Christine: Gentle Training. Die Courtesy-Methode® für mehr Respekt und Vertrauen. Kretschmar-Verlagsgesellschaft, Münster 2001

Bibliographische Information der Deutschen Bibliothek

Die Deutsche Bibliothek verzeichnet diese Publikation
in der Deutschen Nationalbibliographie; detaillierte
bibliographische Daten sind im Internet über
http://dnb.ddb.de abrufbar.

Bildnachweis:
Studio Lebherz Ofterdingen (Rainer Lebherz, Friedrich Gohde
Junior, Heike Lebherz)

Umschlaggestaltung: fuchs_design, Riemerling
Umschlagfotos: Studio Lebherz Ofterdingen (Rainer Lebherz)

Lektorat: Annette Rose, Christa Klus-Neufanger (München)
Herstellung: Angelika Tröger
Layoutkonzept Innenteil: fuchs_design, Riemerling
Layout und Satz: Uhl + Massopust, Aalen

Gedruckt auf chlorfrei gebleichtem Papier

BLV Buchverlag GmbH & Co. KG
80797 München

© 2005 BLV Buchverlag GmbH & Co. KG, München

Printed in Germany
ISBN 3-405-16795-7

Hinweis
Das vorliegende Buch wurde sorgfältig erarbeitet. Dennoch erfolgen alle Angaben ohne Gewähr. Weder Autorin
noch Verlag können für eventuelle Nachteile oder Schä-
den, die aus den im Buch vorgestellten Informationen re-
sultieren, eine Haftung übernehmen.

Know-how für die Reitausbildung

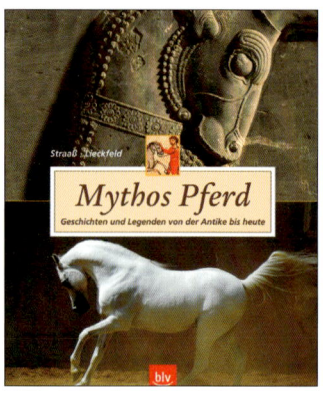

**Veronika Straaß/
Claus-Peter Lieckfeld**
Mythos Pferd
Für alle, die Pferde lieben und sich
für Kulturgeschichte interessieren:
das Pferd in der Geschichte, in
Kunst und Literatur, in Mythologie
und Religion, in Kino, Werbung
und vieles mehr; Geschichten von
berühmten Pferden und deren
Menschen.
ISBN 3-405-16721-3

**Linda Allen
Dorothee Abdel-Kader**
So lernen Pferde
Das Know-how für eine reitwei-
senübergreifende Verständigung
zwischen Mensch und Pferd für
die tägliche Praxis und erfolgreiche
Ausbildung – ein einfühlsamer
Ratgeber für spezielle Problem-
lösungen.
ISBN 3-405-16268-8

Christine Lange
**Gelassenheit – Sicherheit
für Pferd und Reiter**
Die Ausbildung des Pferdes
zur Gelassenheit in allen Alltagssituationen; Grundlagen für
die Teilnahme an der neuen
FN-Gelassenheitsprüfung.
ISBN 3-405-16625-X

Stefan Radl
Reitausbildung mit System
In Text und Grafik präzise demonstriert: Grundlagen und systematisch aufgebaute Tageslektionen
für die Dressur- und die Spring-
ausbildung; die optimale Zusammenarbeit zwischen Reiter und
Pferd, die Aufgaben des Ausbil-
ders, Trainingsplanung.
ISBN 3-405-15882-6

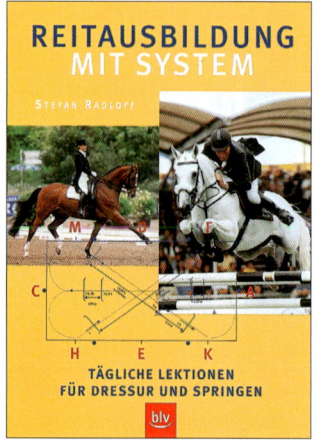

Linda Allen
Springreiten mit System
Das Springtraining für Pferd und
Reiter, von einfach bis anspruchs-
voll, für Einsteiger und Profis;
Sprungreihen und Parcours für
Ausbildung und Abwechslung im
Training – zur Gymnastizierung
aller Pferde.
ISBN 3-405-16670-5

BLV Arbeitsbuch Pferd
Rainer Hilbt
Longieren
Die Arbeit an der Longe: die kom-
plette Ausbildung für Einsteiger
und praxisbewährte Problemlösun-
gen für Fortgeschrittene; spezielle
Informationen für Voltigierer und
Fahrer; die Arbeit an der Doppel-
longe.
ISBN 3-405-16150-9

BLV Arbeitsbuch Pferd
Kerstin Diacont
Bodenarbeit mit Pferden
Psychologisches Grundwissen: das
artspezifische Verhalten der Pferde
und wie man es für die Ausbildung
nutzt; Praxis: Ausrüstung, Übungs-
anleitungen aus Dressur und Wes-
ternreiten, Beispiele für die Korrektur verrittener Pferde.
ISBN 3-405-16087-1

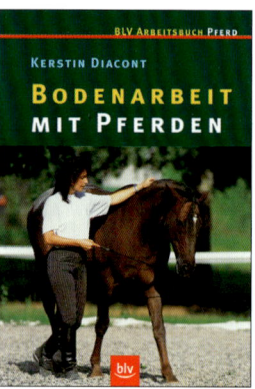

Christine Lange
**Was tun, wenn... Pferde
erziehen mit viel Vergnügen**
Mit pfiffigen Texten und witzigen
Illustrationen: Probleme im Umgang mit dem Pferd erkennen, be-
heben und vermeiden; Ursachen-
analyse, Maßnahmen zu einfachen
und pferdegerechten Lösungen.
ISBN 3-405-16624-1